キソとキホン 小学4年生

「わかる！」が
たのしい
理科

フォーラム・A

は　じ　め　に

　近年の教育をめぐる動きは、目まぐるしいものがあります。

　2020年度実施の新学習指導要領においても、学年間の単元移動があったり、発展という名のもとに、読むだけの教材が多くなったりしています。通り一遍の学習では、なかなか科学に興味を持ったり、基礎知識の定着も図れません。

　そこで学習の補助として、理科の基礎的な内容を反復学習によって、だれもが一人で身につけられるように編集しました。

　また、１回の学習が短時間でできるようにし、さらに、ホップ・ステップ・ジャンプの３段構成にすることで興味関心が持続するようにしてあります。

【本書の構成】

ホップ　（イメージ図）

単元のはじめの２ページ見開きを単元全体がとらえられる構造図にしています。重要語句・用語等をなぞり書きしたり、実験・観察図に色づけをしたりしながら、単元全体がやさしく理解できるようにしています。

ステップ　（ワーク）

基礎的な内容をくり返し学習しています。視点を少し変えた問題に取り組むことで理解が深まり、自然に身につくようにしています。

ジャンプ　（おさらい）

学習した内容の、定着を図れるように、おさらい問題を２回以上つけています。弱い点があれば、もう一度ステップ（ワーク）に取り組めば最善でしょう。

　このプリント集が多くの子たちに活用され、自ら進んで学習するようになり理科学習に興味関心が持てるようになれることを祈ります。

も　く　じ

① 季節と生き物のようす

◆ なぞったり、色をぬったりしてイメージマップをつくりましょう

春 あたたかくなる　　　　夏 暑い季節

ヘチマ

種をまく　　芽が出る　　本葉が出る　　花がさく

子葉

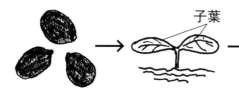  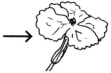

サクラ

花がさく　　　　　　　葉がしげる　実がなる

オオカマキリ

たまごから
かえって
よう虫になる

よう虫から
成虫になる

 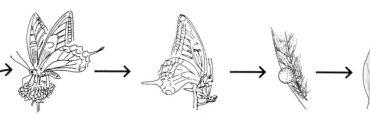

アゲハ

みつをすう　たまごをうむ　葉のうら　よう虫になる

—— 年に数回くり返す ——

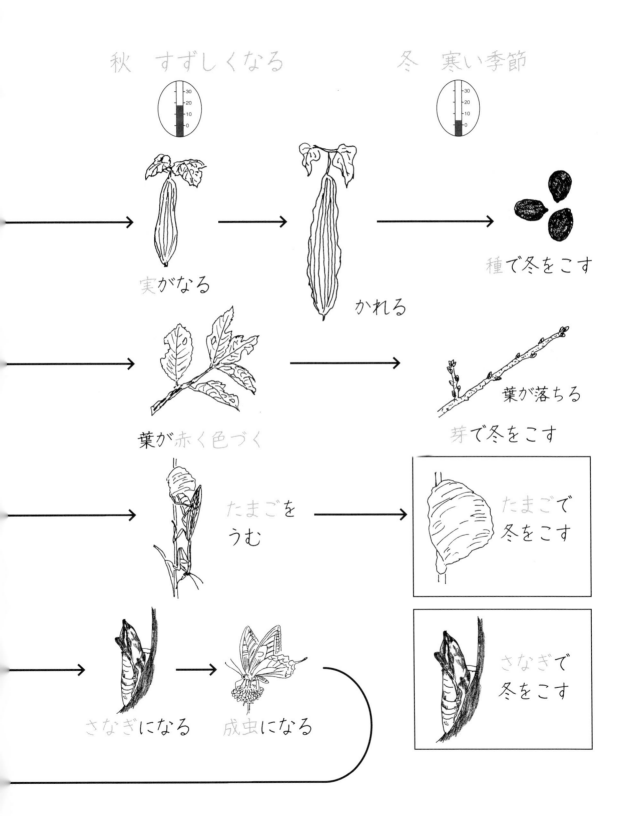

秋　すずしくなる　　　　　　　冬　寒い季節

実がなる

かれる

種で冬をこす

葉が赤く色づく

葉が落ちる

芽で冬をこす

たまごを
うむ

たまごで
冬をこす

さなぎになる　　成虫になる

さなぎで
冬をこす

1 春・夏の生き物 (1)

1 次の(　　)にあてはまる言葉を □ から選んでかきましょう。

春のようす

(1) サクラ

あたたかくなるとサクラの(①　　)が
さきます。このときは(②　　)は出てい
ません。

ヘチマ

ヘチマの種が(③　　)を出します。㋐
を(④　　)といい、㋑を(⑤　　)と
いいます。

> 芽　　本葉　　子葉　　花　　葉

(2) カマキリ

冬をたまごのままですごしたカマキリ
は春にたまごからかえり(①　　　)に
なります。

カエル

土の中で冬をすごしたカエルは、
(②　　　)をうみます。カエルのたま
ごは、かえると(③　　　　)にな
ります。

ツバメ

ツバメは、あたたかくなると(④　　)
の方から日本へやってきます。(⑤　　)
をつくり、ひなを育てます。

> 南　　たまご　　よう虫　　おたまじゃくし　　巣

おうちの方へ　春になるとサクラは花をさかせ、植物の種は芽を出します。動物の活動も活発になっていきます。

2 次の（　　　）にあてはまる言葉を□から選んでかきましょう。

夏のようす

(1) サクラ

夏になるとサクラの（①　　　）がしげり、小さな（②　　　）ができます。このとき、（③　　　）は、さいていません。

ヘチマ

めばな

気温が高くなるにつれ、ヘチマの葉も（④　　　）も成長（せいちょう）します。また、夏には（⑤　　　）がさきます。

> 葉　くき　実　花　花

(2) カマキリ

夏が近づくとカマキリは（①　　　　）から（②　　　　）へと成長し、活発に活動します。

カエル

春に（③　　　　　　　）だったカエルは夏には（④　　　　）がはえて、陸（りく）に上がります。

アゲハ

気温が上がるとアゲハの（⑤　　　　　）からかえった成虫（せいちゅう）が（⑥　　　　）をうみ、よう虫がまた成虫になり、さかんに活動します。

> さなぎ　足　よう虫　たまご　おたまじゃくし　成虫

① 春・夏の生き物 (2)

1 次の（　　）にあてはまる言葉を □ から選んでかきましょう。

(1)　春になると（①　　　）が上がりあたたかくなります。

植物は成長し、種が（②　　　）を出したり、（③　　　）がさいたりします。また、冬のあいだ見られなかった（④　　　）が見られるようになります。

夏には、植物が大きく成長します。（⑤　　　）の数が多くなったり、緑色がこくなったりします。動物は気温が（⑥　　　）につれて、より（⑦　　　）に活動します。

```
花    芽    動物    気温    活発    葉    上がる
```

(2)　春のサクラ

初夏のサクラ

　サクラは、春になると（①　　　）がさきます。

　花がちると（②　　　）が出てきて、夏のはじめには、小さな（③　　　）ができます。

　サクラは、（④　　　　　）なると、春から夏にかけてそのようすが変わります。

```
あたたかく    実    花    葉
```

おうちの方へ 夏になると植物は成長して花をさかせます。カブトムシなどは成虫が見られるようになります。

2 次の(　　)にあてはまる言葉を ▢ から選んでかきましょう。

(1)

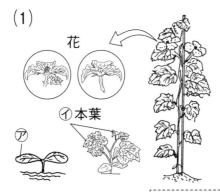

花

イ 本葉

ア

　　　春になると、ヘチマが(①　　　)を出します。それが図⑦の(②　　　)で、次に図④の本葉が出てきます。

　　　夏には、葉や(③　　　)が大きく成長し、黄色い(④　　　)がさきます。

> 子葉　花　芽　くき

(2)

　　　カマキリは春になると、たまごからかえり、(①　　　)になります。夏には(②　　　)へと変わります。

　　　カエルはたまごからかえり、(③　　　)になります。そのあと(④　　　)がはえて陸(りく)に上がることができるようになります。

> 足　成虫(せいちゅう)　よう虫　おたまじゃくし

(3)

　　　ツバメは春になると(①　　　)から日本にやってきて(②　　　)をつくり、たまごをうんで(③　　　)を育てます。

親鳥は、ひなに何度も(④　　　)をあたえます。

> 巣(す)　えさ　ひな　南

1 秋・冬の生き物 (1)

ステップ

1 次の( )にあてはまる言葉を □ から選んでかきましょう。

秋のようす

(1) サクラ

気温が(①)すずしくなるとサクラの葉の色が緑から茶色や(②)に変わります。

ヘチマ

夏ごろ(③)がさいていたヘチマは秋には(④)がなり、大きく成長します。

> 実　　花　　下がり　　赤色

(2) カマキリ

秋になると、カマキリの成虫は、(①)をうみ、気温が低くなるにつれ、動きが(②)なります。

ツバメ

ツバメの子どもは、秋には親鳥といっしょに(③)ようになっています。

アゲハ

アゲハは秋になると(④)が(⑤)になります。

> よう虫　　飛べる　　にぶく　　さなぎ　　たまご

2 次の（　　）にあてはまる言葉を▭から選んでかきましょう。

冬のようす

（1）サクラ

　　冬になりさらに気温が（①　　　　）、寒くなると、サクラの葉が落ちて、えだには（②　　　）が出ます。

ヘチマ

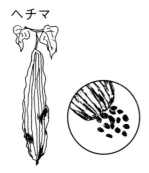

　　冬になるとヘチマの実は（③　　　　）、その実の中には（④　　　）ができます。

> 芽（め）　　種（たね）　　かれて　　下がり

（2）カマキリ

　　秋にうみつけられたカマキリのたまごは、（①　　　　）のまま冬をこします。

カエル

　　カエルは冬の間は（②　　　）の中ですごし、テントウムシは（③　　　）などの下で春になるのを待ちます。

テントウムシ

　　ツバメなどのわたり鳥は（④　　　）のあたたかいところで冬をこします。

> たまご　　南　　葉　　土

1 秋・冬の生き物 (2)

1 次の（　　）にあてはまる言葉を□から選んでかきましょう。

(1) 秋になると、気温が（①　　　　）、すずしくなります。

　　植物は、葉の色が赤色や茶色に（②　　　　）、冬には、葉や実は（③　　　　）しまいます。

　　動物は、気温が下がるにつれて動きが（④　　　　）なり、（⑤　　　）の中や（⑥　　　）の下で冬をこします。

> 変わり　　土　　かれて　　にぶく　　下がり　　葉

(2) サクラは、秋になると葉の（①　　　）が変わります。そして、冬になると葉は（②　　　）落ち、新しい（③　　　）が出てそのまま春を待ちます。

> かれて　　芽　　色

(3) ヘチマは、秋には（①　　　）ができます。そして、そのまま大きく成長し、冬には（②　　　）しまいます。実の中にはたくさんの（③　　　）ができます。

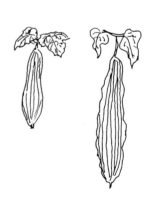

> 種　　実　　かれて

おうちの方へ 冬になるとサクラは葉を落とし冬芽で過ごします。カマキリはたまごで冬をこします。

2 次の（　）にあてはまる言葉を▢から選んでかきましょう。

(1)
カマキリ

アゲハ

カマキリは秋になると（① 　　　）をうみます。そして、たまごのまま（② 　　　）をしのいで春を待ちます。

また、アゲハのよう虫は（③ 　　　）になり、そのまま冬をすごします。

> さなぎ　　寒さ　　たまご

(2)
ツバメ

ツバメの子は、秋には親といっしょに空を（① 　　　）ことができます。気温が下がり（② 　　　）なると、（③ 　　）のあたたかいところへ向かい、そこで冬をすごします。

> 寒く　　南　　飛ぶ

(3)
カエル

テントウムシ

カエルやテントウムシは、気温が下がる（① 　）からじょじょに動きが（② 　　）なります。そして、カエルは（③ 　）の中で、テントウムシは（④ 　　）の下などで冬をすごします。

> 葉　　にぶく　　土　　秋

1 1年を通して

1 観察カードについて、次の（　　）にあてはまる言葉を [　] から選んでかきましょう。

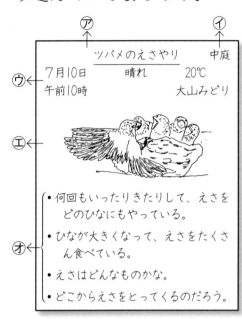

⑦
⑦
⑦
⑦
⑦

ツバメのえさやり　　中庭
7月10日　晴れ　　20℃
午前10時　　大山みどり

・何回もいったりきたりして、えさを
どのひなにもやっている。
・ひなが大きくなって、えさをたくさ
ん食べている。
・えさはどんなものかな。
・どこからえさをとってくるのだろう。

⑦ 観察した内ようがわかるように（① 　　　　）をかきます。

⑦ 観察した（② 　　　　）をかきます。

⑦ 観察した日時、（③ 　　　　）、（④ 　　　　）をかきます。

⑦ （⑤ 　　　　）や写真で、観察したもののようすがわかるようにします。

⑦ 観察したことや（⑥ 　　　　　　　　　）などを文でかきます。

気温　　気づいたこと　　場所　　天気　　絵　　題
---

2 次の（　　）にあてはまる言葉を [　] から選んでかきましょう。

あたたかくなると、植物は大きく成長し、（① 　　　　）は活動が（② 　　　　）になります。ぎゃくに、寒くなると植物は（③ 　　　　）種を残し、動物は活動がにぶくなり、冬をこす（④ 　　　　）をします。植物や動物の1年間のようすは、（⑤ 　　　　）によって変化します。

活発　　かれて　　じゅんび　　気温　　動物
---

3 次の植物や動物について、春夏秋冬のようすはどれですか。正しい順にならべ変え、記号で答えましょう。

(1) ヘチマ

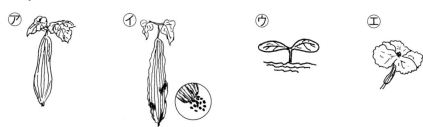

春	夏	秋	冬

(2) サクラ

春	夏	秋	冬

(3) カマキリ

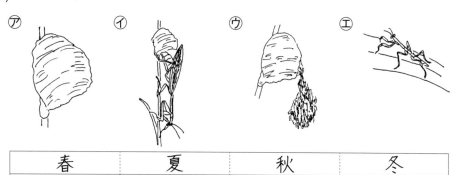

春	夏	秋	冬

1 観察カードをつくりました。⑦〜⑦を見て、（　）にあてはまる言葉を ⬜ から選んでかきましょう。

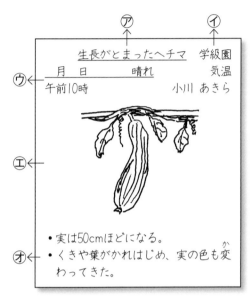

生長がとまったヘチマ　　学級園
月　日　　晴れ　　　　　気温
午前10時　　　　　小川 あきら

・実は50cmほどになる。
・くきや葉がかれはじめ、実の色も変わってきた。

⑦ 観察した内ようがわかるような（①　　　）をかきます。

④ 観察した（②　　　）をかきます。

⑨ 月日や（③　　　）、時こくをかきます。

⑦ （④　　　）や写真で、ようすがよくわかるようにします。

⑦ わかったことをかきます。

> 絵　　題　　天気　　場所

2 １年間の植物や動物のようすを調べました。次の文で正しいものには〇、まちがっているものには×をつけましょう。

① （　）同じ場所の草や木を調べます。

② （　）草や木を観察したときは、気温も記録します。

③ （　）気温は、温度計のえきだめに日光があたるようにしてはかります。

④ （　）アリやアブは、よく見かけるから記録しません。

⑤ （　）花がさいたり実がなったときだけ記録します。

3 動物の冬のすごし方はさまざまです。（　）にあてはまる言葉を◻︎から選んでかきましょう。

(1) わたり鳥には（①　　　　）のように南の（②　　　　）地方へわたるものや、（③　　　　）のように（④　　　　）北からわたってくるものがいます。

> ツバメ　　カモ　　寒い　　あたたかい

(2) こん虫では（①　　　　）のようにたまごですごすものや、アゲハのように（②　　　　）ですごすものがいます。
　また、（③　　　　）のように成虫ですごすものなどがいます。
　カブトムシは、（④　　　　）で冬をすごします。

> さなぎ　　よう虫　　カマキリ　　テントウムシ

4 次の（　）にあてはまる言葉を◻︎から選んでかきましょう。
　ナナホシテントウは（①　　　　）が高くなる春から夏にかけてさかんに活動し、（②　　　　）、よう虫、成虫がよく見られます。
　しかし、秋には（③　　　　）しか見られなくなり、冬になると（④　　　　）の下にかくれてしまいます。

> 気温　　落ち葉　　たまご　　成虫

1 季節と生き物のようす まとめ (2)

月 日

ジャンプ

1 図を見て、あとの問いに答えましょう。

(1) サクラとカマキリの夏と冬のすがたはどれですか。それぞれのすがたを選んで（　　）に記号でかきましょう。

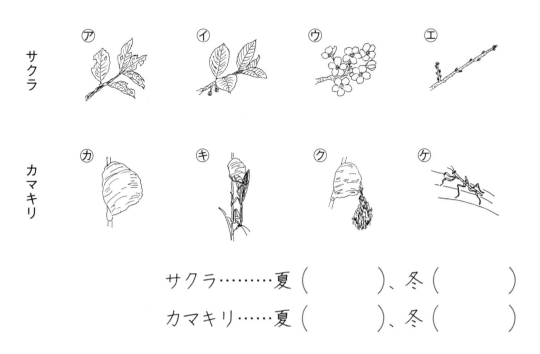

サクラ………夏（　　　　）、冬（　　　　）

カマキリ……夏（　　　　）、冬（　　　　）

(2) 次の（　　）にあてはまる言葉を □ から選んでかきましょう。

　　植物は（① 　　　　　　）なると大きく成長し、動物は活発に（② 　　　　）します。反対に寒くなると、植物は（③ 　　　　）、動物の動きは（④ 　　　　）なります。このように植物や動物の1年間のようすは（⑤ 　　　　）によって変化します。

> 気温　　あたたかく　　にぶく　　活動　　かれて

—18—

2 次の（　　）にあてはまる言葉を □ から選んでかきましょう。

(1)　上の図はヘチマの１年間のようすを表しています。

　　春に（①　　　　）をまくと子葉が出て、そのあと大きな

（②　　　　）が出ます。（③　　　）が近づくと花がさき、秋

には（④　　　　）がなります。そして、その中にはたくさん

の（⑤　　　　）ができています。

　　冬になると葉や実は（⑥　　　　）しまいます。

> 夏　　かれて　　種（たね）　種　　本葉　　実

(2)

　　上の図は、カエルの１年間のようすを表しています。

　　カエルは、春にたまごからかえり、（①　　　　　　　　）に

なります。夏には、（②　　　）が出て、おとなのカエルにな

り、陸（りく）にも上がります。

　　カエルの冬ごしは（③　　　　）です。春まで（④　　　）

ですごします。

> 土の中　　おたまじゃくし　　冬みん　　足

② 電気のはたらき

かん電池のはたらき

電気の通り道　と　電気の流れ（＋極（プラスきょく）から －極（マイナスきょく）へ）
回路　　　　　　　電流

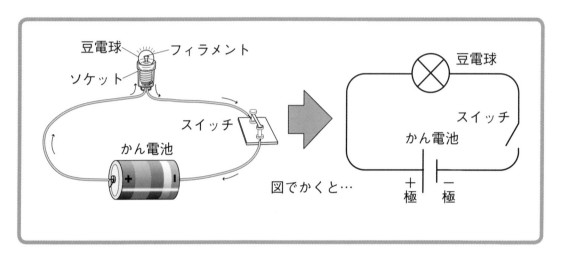

豆電球　フィラメント
ソケット
スイッチ
かん電池

図でかくと…

豆電球
スイッチ
かん電池
＋極　－極

きけん

ショート回路

ショート回路をふせぐために
どう線をエナメルやビニール（電気
を通さないもの）でおおいます。

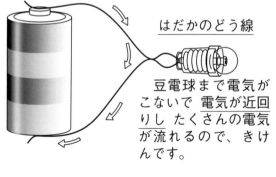

はだかのどう線

豆電球まで電気が
こないで 電気が近回
りし たくさんの電気
が流れるので、きけ
んです。

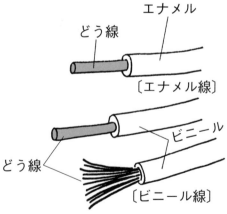

エナメル
どう線
〔エナメル線〕

ビニール
どう線
〔ビニール線〕

◆ なぞったり、色をぬったりしてイメージマップをつくりましょう

かん電池のつなぎ方

直列つなぎ

かん電池の＋極と一極を
次つぎにつなぐ。

電流の強さ

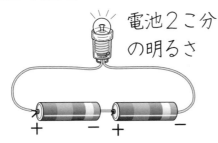

電池2こ分
の明るさ

へい列つなぎ

かん電池の同じ極どうし
をつなぐ。

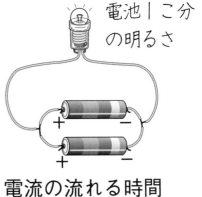

電池1こ分
の明るさ

電流の流れる時間
2こ分の長さ

けん流計　電流の強さと電流の向きを調べる道具

かん電池、豆電球、けん流計、スイッチが1つづきの
輪になるようにつなぎます。

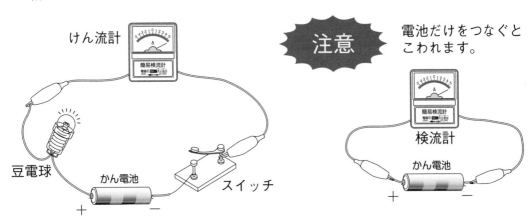

けん流計

豆電球　かん電池　スイッチ

注意　電池だけをつなぐと
こわれます。

検流計

かん電池

② 回路と電流・けん流計 (1)

1 次の（　　）にあてはまる言葉を□から選んでかきましょう。

図のように、かん電池の（①　　　）極
と豆電球、（②　　　）極を、どう線でつ
なぐと電気の通り道が（③　　　　　）
になり電気が（④　　　　　）豆電球がつ
きます。

豆電球
＋　－

このように一続きにつながった電気の通り道のことを
（⑤　　　　　）といいます。また、この電気の流れのことを
（⑥　　　　　）といいます。

| １つの輪 | ＋ | － | 流れて | 電流 | 回路 |

2 次の（　　）にあてはまる言葉を□から選んでかきましょう。

あの図では、豆電球の明かりは
（①　　　　　　　）。＋極から出た電気は、
いの図のⒷに入り、（②　　　　　　）
を通って、Ⓐに出てきます。そのあと
（③　　　　　　）を通って（④　　　）極へと
もどってきます。

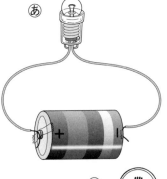
あ
い
Ⓑ
Ⓐ

| つきます | － | どう線 | フィラメント |

③　豆電球の明かりはつきますか。つけば○、つかなければ×を（　　）につけましょう。

あ（　　　　）　　　　　い（　　　　）　　　　　う（　　　　）

はなれている

④　③のあ〜うの説明をしています。（　　）にあてはまる言葉を▢から選んでかきましょう。

　あは（①　　　　　）極から出た電気は（②　　　　　　）の中を通ってかん電池にもどっていますが、（③　　　　　）極についていません。

　いは＋極から出た電気は（④　　　　　）を通って（②）の中へ入りますが、豆電球が（⑤　　　　　）いるため、つきません。

　うは電気の（⑥　　　　　）がつながっているように見えますが、よく見るとどう線のはしの（⑦　　　　　）をはがしていないので、電気が流れません。

┌─────────────────────────────┐
│ ビニール　　はなれて　　どう線　　ソケット │
│ ＋　　－　　通り道 │
└─────────────────────────────┘

② 回路と電流・けん流計 (2)

1 図を見て、（　　）にあてはまる言葉を□から選んでかきましょう。

(1) 電流はかん電池の（①　　　）極を出て、豆電球、けん流計を通り、（②　　　）極へ流れます。かん電池の向きを反対にすると、電流の流れる向きは（③　　　）になります。

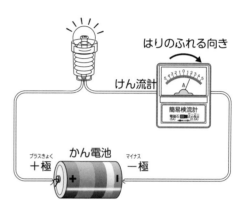

はりのふれる向き
けん流計
簡易検流計

かん電池
プラスきょく　＋極　　マイナス　−極

　　　けん流計を使うと（④　　　）の流れる向きと（⑤　　　）を調べることができます。

```
マイナス      プラス
 −        ＋    電流    反対    強さ
```

(2) けん流計は（①　　　　　）に置いて使います。回路にけん流計をつないで、電流を流したら、はりのふれる（②　　　）と（③　　　　）を見ます。図では、電流は（④　　　）から（⑤　　　）へ流れ、目もりは（⑥　　　）になっています。

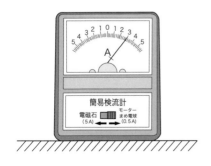

簡易検流計
電磁石　モーター　まめ電球
(5A)　　(0.5A)

```
３    向き    左    右
ふれはば    水平なところ
```

検流計は、電流の流れる向きと強さをはかる器具です。電池と検流計だけをつなぐと検流計はこわれます。

2　かん電池とモーター、けん流計をつないで図のような回路をつくりました。（　　）の中の正しいものに○をつけましょう。

(1) この回路では、電流の向きは（ あ ・ い ）になります。

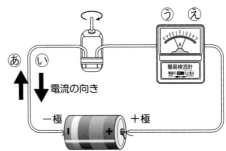

(2) 電流の向きからけん流計のはりは（ う ・ え ）にふれ、目もりは（ 2 ・ 3 ）をさします。このときモーターは右回りでした。

(3) 次にかん電池の向きを反対にすると、けん流計のはりは（ う ・ え ）にふれ、モーターは（ 右回り ・ 左回り ）になります。

3　あの回路を電気記号を使って、いをかんせいさせましょう。

	豆電球	かん電池	スイッチ
記号	⊗	⊕＋⊖	／ー

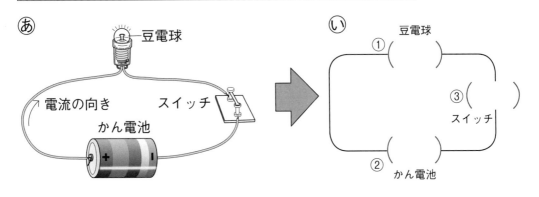

② 直列つなぎ・へい列つなぎ (1)

1 次の(　　　)にあてはまる言葉を □ から選んでかきましょう。

(図1)

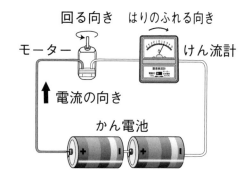

回る向き　はりのふれる向き
モーター　けん流計
↑ 電流の向き
かん電池

(図2)

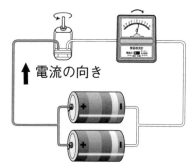

↑ 電流の向き

(1) 図1のようなかん電池のつなぎ方を(①　　　)つなぎと
いいます。このつなぎ方にするとかん電池1このときとく
らべてモーターの回る速さは(②　　　)なります。

　直列つなぎにすると、かん電池1このときとくらべて豆
電球の明るさは(③　　　)なります。

> 明るく　　速く　　直列

(2) 図2のようなかん電池のつなぎ方を(①　　　)つなぎ
といいます。このつなぎ方にするとモーターの回る速さは、
かん電池1このときと(②　　　)になります。

　へい列つなぎにすると、豆電球の光る時間の長さは、か
ん電池1このときとくらべて(③　　　)になります。

> 同じくらい　　2倍くらい　　へい列

おうちの
方へ　　かん電池2本の直列つなぎは、流れる電流が大きくなり、豆電球
ならより明るく、モーターなら速く回ります。

2　次のような回路で、豆電球の明るさが電池1こ分のものに
〇、電池2こ分のものに◎、明かりがつかないものに✕をか
きましょう。

① （　　　）　　　② （　　　）　　　③ （　　　）

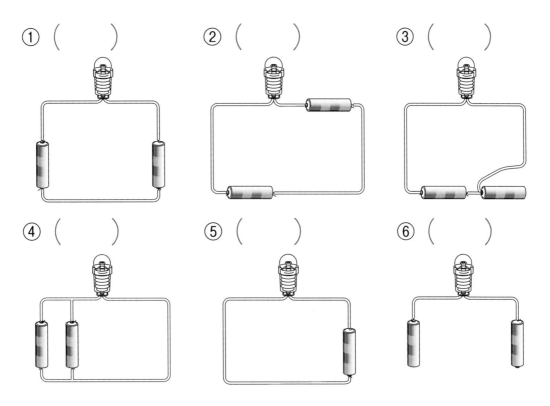

④ （　　　）　　　⑤ （　　　）　　　⑥ （　　　）

3　次の（　　）に直列かへい列かをかきましょう。

（①　　　　　）つなぎ　　　　　　（②　　　　　）つなぎ

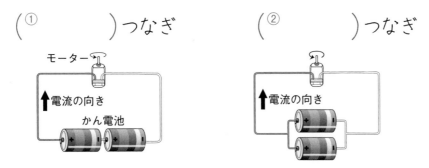

モーターが速く回転するのは（③　　　　　）つなぎです。

モーターが長時間回転するのは（④　　　　　）つなぎです。

② 直列つなぎ・へい列つなぎ (2)

1 次の（　）にあてはまる言葉を ⬚ から選んでかきましょう。

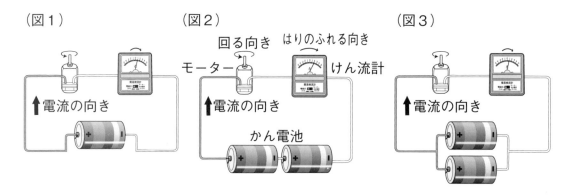

（図1）　↑電流の向き

（図2）　回る向き　はりのふれる向き　モーター　けん流計　↑電流の向き　かん電池

（図3）　↑電流の向き

(1) 図2のように、かん電池の＋極と－極を次つぎにつなぐつなぎ方を（①　　　）つなぎといいます。このつなぎ方は図1のかん電池1このときとくらべて、電流の強さは（②　　　）になり、（③　　　　）のはりのさす目もりも大きくなります。

　　モーターは図1より（④　　　）回ります。

> 2倍　　けん流計　　直列　　速く

(2) 図3のように、かん電池の同じ極どうしが1つにまとまるようなつなぎ方を（①　　　　）つなぎといいます。このつなぎ方では、けん流計を見てもわかるように、かん電池1このときと（②　　　　　）の電流が流れます。図1のモーターよりも（③　　　　）回り続けます。

> 長時間　　へい列　　同じくらい

おうちの
方へ　　かん電池2本の並列つなぎは、流れる電流は同じですが、豆電球
なら長時間点灯し、モーターなら長時間回り続けます。

2　かん電池とモーターをつないで右の
ような回路をつくりました。

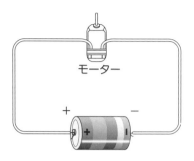

モーター

(1)　モーターをより速く回転させるた
めには、もう1このかん電池をどの
ようにつなげばいいですか。次の㋐
〜㋒から選びましょう。　（　　　）

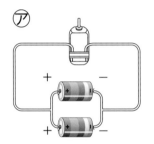
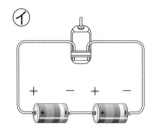
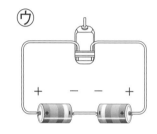

(2)　(1)で選んだかん電池のつなぎ方を何といいますか。

（　　　　　　　つなぎ）

(3)　㋐と㋑ではどちらのモーターが長時間回転し続けますか。

（　　　　）

(4)　モーターが回らないのは㋐〜㋒のどれですか。　（　　　）

3　電流が強くなったときのようすについて、正しい言葉に○
をつけましょう。

①　モーターの回る速さは（　速く ・ おそく　）なります。

②　豆電球の明るさは（　明るく ・ 暗く　）なります。

③　けん流計のはりは（　大きく ・ 小さく　）ふれます。

1 　右のような回路をつくり、電気を通すとモーターが回るようにしました。

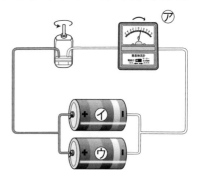

(1) 　⑦の器具の名前をかきましょう。

（　　　　　　　　　　）

(2) 　⑦は何を調べるものですか。2つかきましょう。

（　　　　　　　）（　　　　　　　　　）

(3) 　④、⑦の電池は何つなぎですか。　（　　　　つなぎ）

(4) 　⑦の電池を外します。モーターは回りますか。

（　　　　　　　　　　）

(5) 　④、⑦のかん電池を何つなぎにすれば、モーターはより速く回りますか。　（　　　　つなぎ）

2 　図のような回路を回路図で表しましょう。

	豆電球	かん電池	スイッチ
記号	⊗	⊹⊢	／

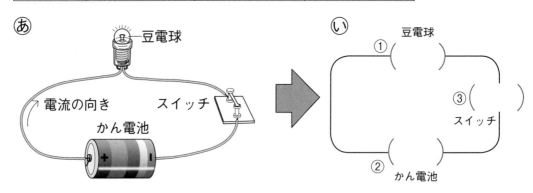

あ　豆電球　電流の向き　スイッチ　かん電池

い　①（　　）豆電球　③（　　）スイッチ　②（　　）かん電池

3 3種類の回路をつくって、豆電球の明るさを調べます。

Ⓐ 豆電球　　　　Ⓑ　　　　　　Ⓒ

(1) Ⓐの豆電球は、かん電池1こ分の明るさです。かん電池1こ分の明るさより明るく光るのはⒷ、Ⓒのどちらですか。

（　　　）

(2) 長時間光り続けるのは、Ⓑ、Ⓒのどちらですか。（　　　）

(3) Ⓑのようにかん電池をつなぐと、Ⓐとくらべて電流の強さはどうなりますか。　　　　（　　　　　　）

(4) Ⓒのようにかん電池をつなぐと、Ⓐとくらべて電流の強さはどうなりますか。　　　　（　　　　　　）

(5) Ⓑのように2このかん電池が、一続きにまっすぐつながっている回路を何つなぎといいますか。（　　　　　　）

(6) Ⓒのように、かん電池が2列にならんでいる回路を何つなぎといいますか。　　　　（　　　　　　）

4 次の文のうち、正しいものには○、まちがっているものには×をつけましょう。

① （　　　）　電気の流れを電流といいます。

② （　　　）　電気の流れを回路といいます。

③ （　　　）　電流はかん電池の＋極から流れます。

④ （　　　）　電流はかん電池の－極から流れます。

② 電気のはたらき まとめ (2)

1 豆電球の明かりはつきますか。つけば○、つかなければ×
を(　　)につけましょう。

あ (　　　)　　　　い (　　　)　　　　う (　　　)

 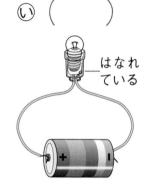 

はなれている

2 1のあ～うの説明をしています。(　　)にあてはまる言葉
を□から選んでかきましょう。

あは(①　　　　)極から出た電気は(②　　　　　)の中を通
ってかん電池にもどっていますが、(③　　　　)極についてい
ません。

いは＋極から出た電気は(④　　　　)を通って (②) の中へ
入りますが、豆電球が(⑤　　　　)いるため、つきません。

うは電気の(⑥　　　　)がつながっているように見えます
が、よく見るとどう線のはしの(⑦　　　　)をはがしてい
ないので、電気が流れません。

┌─────────────────────────────┐
│ ビニール　　はなれて　　どう線　　ソケット │
│ ＋　　－　　通り道 │
└─────────────────────────────┘

3 図を見て、（　　　）にあてはまる言葉を　　から選んでかきましょう。

電気の流れを電流といいます。電流は、かん電池の（①　　　）極を出て、モーター、けん流計を通りかん電池の（②　　　）極へ流れます。

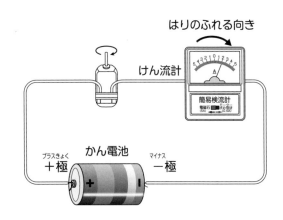

このような、電気の通り道を（③　　　）といいます。

かん電池の向きが反対になると、電流の向きは（④　　　）になります。このとき、モーターの回る方向も（④）になります。

けん流計を使うと（⑤　　　）の流れる向きと（⑥　　　）を調べることができます。

－　　＋　　電流　　強さ　　反対　　回路

4 電流が強くなったときのようすについて、正しい言葉に○をつけましょう。

① モーターの回る速さは（　速く ・ おそく　）なります。

② 豆電球の明るさは（　明るく ・ 暗く　）なります。

③ けん流計のはりのふれはばは（　大きく ・ 小さく　）なります。

③ 天気のようすと気温

◆ なぞったり、色をぬったりしてイメージマップをつくりましょう

気温（空気の温度）の調べ方

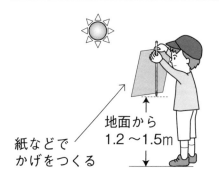

紙などで
かげをつくる

地面から
1.2〜1.5m

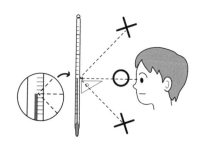

── ◦気温をはかるには ──

1. 直せつ日光があたらない
2. 風通しがよい
3. 地面から1.2〜1.5mの高さ

百葉箱（ひゃくようばこ）・白い色の木箱
・風通しがよい
　よろい戸

風

高さ
1.2〜1.5m

しばふ ── 地面

天気と雲のようす

◦天気は雲の量（りょう）で決まる

晴れ

くもり

◦青空のときや、雲があって
も青空が見えている。

◦雲が多く、青空がほとんど
見えない。

1日の気温の変化

〈晴れた日〉　。気温の変化が大きい

。最高気温　午後2時ごろ
。最低気温　日の出前

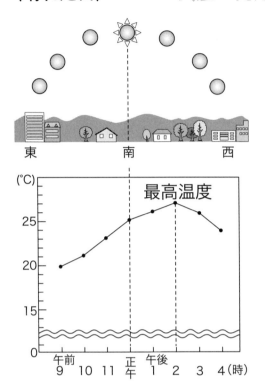

東　　南　　西

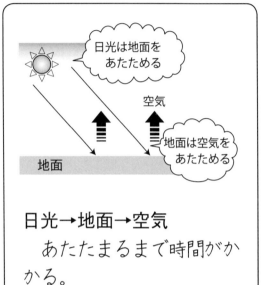

日光は地面をあたためる

空気

地面は空気をあたためる

地面

日光→地面→空気

　あたたまるまで時間がかかる。

〈くもり・雨の日〉　。気温の変化が小さい

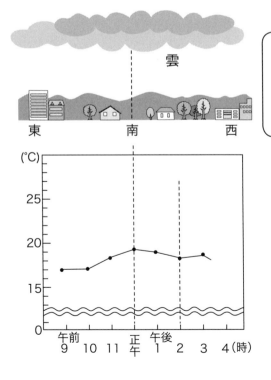

雲

東　　南　　西

　雲が日光をさえぎるため太陽が高くなっても気温が変わらない。

1 　図は、温度計で気温をはかっているようすです。次の（　　　）にあてはまる言葉を□から選んでかきましょう。

温度計
紙など

(1)　温度計は、地面から（①　　　　　）mぐらいの高さではかります。

空気の温度を（②　　　　）といいます。

気温は（③　　　　）のよい、直せつ日光の（④　　　　）ところではかります。

┌─────────────────────────┐
│ 気温　　あたらない　　1.2〜1.5　　風通し │
└─────────────────────────┘

(2)　温度計の目もりを読むときには、温度計と（①　　　　）になるように見ます。

日光が直せつあたらないように、紙などで（②　　　　）をつくるようにします。

┌──────────────┐
│ 直角　　日かげ │
└──────────────┘

2 　次の（　　　）にあてはまる言葉を□から選んでかきましょう。

晴れ

くもり

┌──────────────────┐
│ 雲　　雲　　青空 │
└──────────────────┘

天気「晴れ」は、雲がないときや（①　　　　）があっても（②　　　　）が見えているときのことをいいます。

天気「くもり」は、（③　　　　）が多く、青空がほとんど見えないときのことです。

3 次の文は百葉箱についてかかれたものです。正しいもの
には○、まちがっているものには×をつけましょう。

① （　）　百葉箱は、白色にぬられています。

② （　）　百葉箱は、風が入らないようにしてつくられて
います。

③ （　）　百葉箱は、地面からの高さが、変えられるよう
につくられています。

④ （　）　百葉箱の中の温度計は直せつ日光があたらない
ようにつくられています。

⑤ （　）　百葉箱は、気温をはかるときのじょうけんにあ
うようにつくられています。

4 次の（　　）にあてはまる言葉を□から選んでかきましょう。

右図のようなものを（①　　　　）といいます。

（①）は日光を反しゃするように（②　　　）
色をしています。中には、気あつ計やしめりぐ
あいをはかるしつ度計や（③　　　　　　）
などが入っています。

（③）は、最高温度や（④　　　）温度をはじ
め1日の（⑤　　　）を記録します。また、そのグラフの形か
ら、その日の（⑥　　　）が考えられます。

白い　　最低　　天気　　気温　　記録温度計　　百葉箱

③ 1日の気温の変化 (1)

1 気温の変化について、次の（　　　）にあてはまる言葉を ⬚ から選んでかきましょう。

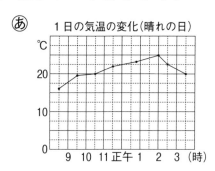

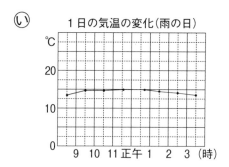

(1) あのグラフは（①　　　　）の日のグラフで、いのグラフは（②　　　　）の日のグラフです。晴れの日のグラフは、1日の気温の変化が（③　　　　）です。雨の日のグラフは、1日の気温の変化が（④　　　　）です。

```
┌─────────────────────────────────────┐
  大きい　　小さい　　雨　　晴れ
└─────────────────────────────────────┘
```

(2) 晴れの日の気温は、（①　　　　　　　）ごろが一番高く、（②　　　　　　　）が一番低くなります。

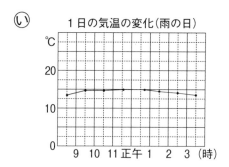

うのような（③　　　　）の日の気温の変化は、雨の日ににていて、1日の気温の変化が（④　　　　）なります。

```
┌─────────────────────────────────────┐
  くもり　　午後2時　　日の出前　　小さく
└─────────────────────────────────────┘
```

2 次の（　）にあてはまる言葉を□から選んでかきましょう。

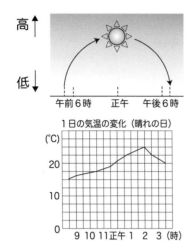

1日の気温の変化（晴れの日）

(1) 太陽の位置は（①　　　　）ごろに一番高くなり、気温は（②　　　　）ごろが一番高くなります。このように、太陽の高さと最高気温は（③　　　　）います。

> ずれて　　午後２時　　正午

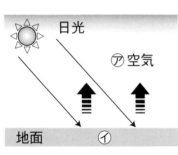

(2) 日光は、⑦のとう明な（①　　　　）を通りぬけ、⑦の（②　　　　）をあたためます。あたたまった（②）は、ふれている（①）を下からあたためます。だから気温が上がるまで（③　　　　）がかかるのです。

> 時間　　空気　　地面

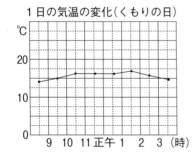

1日の気温の変化（くもりの日）

(3) 左のグラフのように、くもりの日の気温の変化は（①　　　　）なります。これは、1日中日光が（②　　　）でさえぎられ、太陽の位置が変わっても地面の温度も（③　　　　）も上がらないからです。

> 気温　　小さく　　雲

③ 1日の気温の変化 (2)

1 天気と気温の変化について、次の(　　)にあてはまる言葉を □ から選んでかきましょう。

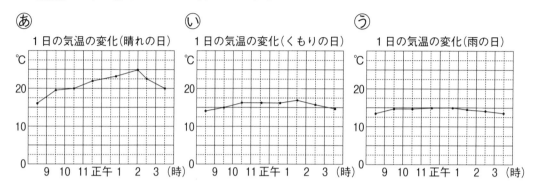

あ 1日の気温の変化(晴れの日)
い 1日の気温の変化(くもりの日)
う 1日の気温の変化(雨の日)

(1) あのグラフは、(①　　　　)の日の気温の変化を表したものです。晴れの日の1日の気温の変化は(②　　　　)です。

また、朝のうちの気温が一番(③　　　　)、午後2時ごろの気温が一番(④　　　　)なります。

```
晴れ　　低く　　高く　　大きい
```

(2) いのグラフは(①　　　　)の日の気温の変化を、うのグラフは(②　　　)の日の気温の変化を表しています。どちらのグラフも、1日の気温の変化は(③　　　　)です。これは、(④　　　)が雲でさえぎられるためです。

3つのグラフから1日の(⑤　　　　)の変化は、天気によって(⑥　　　)ことがわかります。

```
気温　　ちがう　　日光　　小さい　　くもり　　雨
```

おうちの
方へ　くもりの日や雨の日の気温の変化は小さくなります。雲によっ
て、日光がさえぎられるからです。

2　次の（　　）にあてはまる言葉を□から選んでかきましょう。

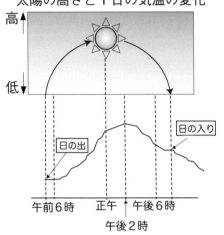

太陽の高さと1日の気温の変化

(1)　図のように、1日のうちで、太陽が一番高くなるのは、（①　　　　）ごろです。グラフからわかるように、1日のうちで（②　　　　）が一番高くなるのは、（③　　　　）ごろです。

```
気温　　正午　　午後2時
```

(2)　図のように、太陽の高さと気温には（①　　　　）があります。地面が（②　　　　）をあたためるため、（③　　　　）は、おくれて上がります。Ⓐよりdiv Ⓑの方が気温は（④　　　　）なります。

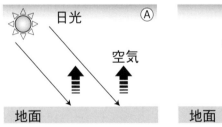

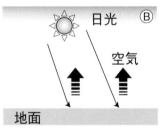

```
気温　　空気
高く　　関係
```

(3)　夕方になって日がしずむと、（①　　　　）も（②　　　　）もあたためられなくなります。そのため、（①）も（②）も温度が（③　　　　）ます。そして、1日のうちで一番気温が下がるのが（④　　　　）になります。

```
地面　　空気　　日の出前　　下がり
```

③ 天気のようすと気温 まとめ (1)

1 次の（　　）にあてはまる言葉を □ から選んでかきましょう。

(1) 空気の温度を（①　　　　）といいます。気
温をはかるときは、（②　　　　　）がよく、
直せつ日光の（③　　　　　　）ところでは
かります。また、温度計は地面からの高
さが（④　　　　　　）mぐらいのところでは
かり、目もりを読むときには、温度計と
（⑤　　　　）になるようにします。

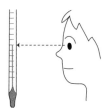

> あたらない　　気温　　直角　　1.2～1.5　　風通し

(2) 右の図は（①　　　　　　）です。これは、
（②　　　　）などをはかるじょうけんにあわ
せてつくられています。

> 百葉箱　　気温

(3) 天気は（①　　　）の量によって決められます。雲があって
も青空が見えるときの天気を（②　　　）といいます。

晴れ

くもり

> 雲　　晴れ

2 図を見て、( )にあてはまる言葉を □ から選んでかきま
しょう。

(1) ㋐のグラフは（①　　　）の日の
気温の変化を、㋑のグラフは
（②　　）の日の変化を表していま
す。晴れの日の１日の気温の変化
は（③　　　）、雨の日の１日の気
温の変化は（④　　　）です。

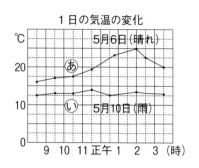

１日の気温の変化

┌─────────────────────────────┐
│　雨　　　晴れ　　　大きく　　　小さい　│
└─────────────────────────────┘

(2) 右の図のように晴れの日の
気温が一番高くなるのは、
（①　　　）ごろで、一番低
くなるのは（②　　　）で
す。一方、太陽の位置が一番
高いのは（③　　　）ごろで
す。このように、１日の最高
気温の時こくと太陽が一番高
い時こくは（④　　　）いま
す。
　　これは、日光であたためら
れた（⑤　　）が空気をあた
ためるからです。

太陽の高さと１日の気温の変化

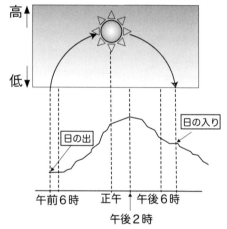

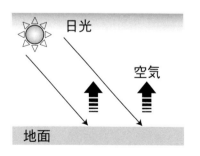

┌─────────────────────────────────────┐
│　正午　　　午後２時　　　地面　　　ずれて　　　日の出前　│
└─────────────────────────────────────┘

1 次の文の( )のうち、正しい方に○をつけましょう。

(1) 空気の温度を(水温・気温)といいます。

(2) 気温をはかるときには、直せつ日光が(あたる・あたらない)ようにします。

(3) 気温をはかるときは、(日なた・日かげ)ではかるようにします。

(4) 気温をはかるときは、風通しの(よい・悪い)ところではかるようにします。

(5) 温度計の目もりを読むときには、目線が温度計に対して、(水平・直角)になるようにします。

(6) 気温をはかるとき、温度計の高さは地面からおよそ(1.2～1.5・1.5～2.0)mの高さではかります。

2 次の( )にあてはまる言葉を ___ から選んでかきましょう。

晴れ

くもり

天気は、(①)で決められます。

(②)が多く、青空が見えないときの天気は(③)で、雲があっても青空が見えているときの天気は(④)です。

晴れ　　くもり　　雲　　雲の量

3 次のグラフを見て、あとの問いに答えましょう。

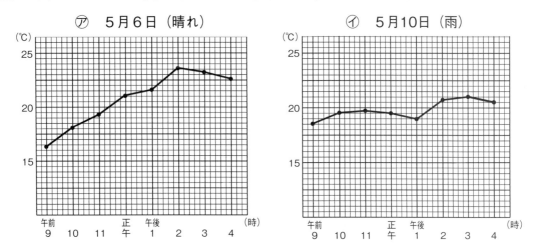

(1) ⑦と⑦の記録は、天気と何の関係を調べていますか。

（天気と　　　　　　　　の関係）

(2) ⑦と⑦で、最高気温と最低気温の時こくは何時ですか。

⑦　最高（　　　　　　　）　　　最低（　　　　　　　）

⑦　最高（　　　　　　　）　　　最低（　　　　　　　）

(3) ⑦と⑦で気温の変化が大きいのはどちらですか。

（　　　　　　）

(4) 正しい方に○をつけましょう。

日光によってあたためられた（① 地面 ・ 空気 ）は、それにふれている（② 地面 ・ 空気 ）をあたためます。１日のうち、太陽が一番高くなるのは（③ 正午 ・ 夕方 ）ですが、実さいの気温が上がるのはそれより（④ ２時間 ・ ６時間 ）くらいおそくなります。

④ 月や星の動き

星の種類（しゅるい）

こう星―光を出す
（太陽など）

{ 星の色　白、青、黄、赤
明るさ　１等星、２等星
３等星など

わく星―光を出さない、こう星の周りを回る

星や星ざの動き

東の空　→　南の空　→　西の空
（地球の自転による）
時こくとともに見えている位置（いち）は変（か）わるが、
ならび方は同じ。

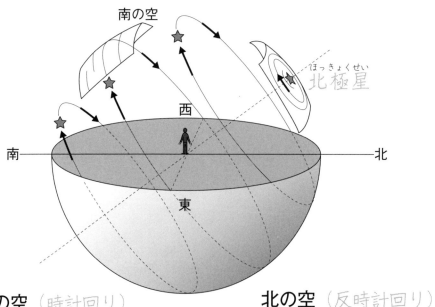

南の空

北極星（ほっきょくせい）

南

西

北

東

南の空（時計回り）

オリオンざ
１時間

東　南　西

北の空（反時計回り）

カシオペアざ

北極星

午後９時

５倍

２時間

北と七星

午後７時

西　北　東

◆　なぞったり、色をぬったりしてイメージマップをつくりましょう

星ざ早見

① 方位じしんを北にあわせて、調べるものの方角をたしかめる

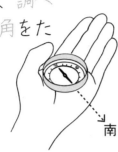

南

② 星ざ早見の方角をあわせる
③ 月日時こくをあわせる

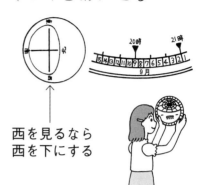

西を見るなら西を下にする

星ざ

サソリざ

アンタレス
（赤い星）

夏の大三角

（8月中ごろ21時）

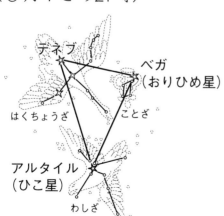

デネブ
ベガ
（おりひめ星）
はくちょうざ
ことざ
アルタイル
（ひこ星）
わしざ

冬の大三角

（1月中ごろ20時）

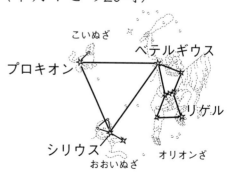

こいぬざ
ベテルギウス
プロキオン
リゲル
シリウス
おおいぬざ
オリオンざ

—47—

④ 月の動き

1 いろいろな形の月について、あとの問いに答えましょう。

(1) 図の( )にあてはまる言葉を☐から選んでかきましょう。

(　) (　) (　) (　)

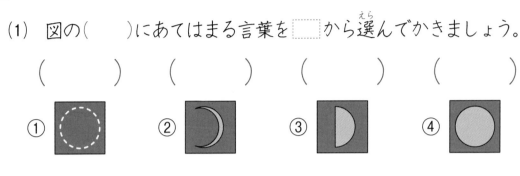

満月　　新月　　半月　　三日月

(2) 次の( )にあてはまる言葉を☐から選んでかきましょう。

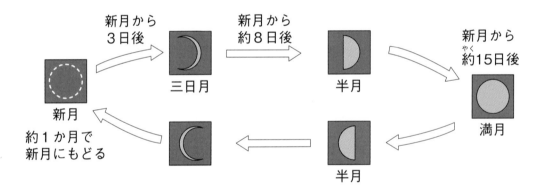

　　月の形は毎日少しずつ(① 　　　　　　)。新月から数え
て3日目の月を(② 　　　　)といい、満月の半分の形の月を
(③ 　　　　)といいます。そして、新月から約15日後に
(④ 　　　　)になります。(⑤ 　　　)は、見ることができま
せん。新月から次の新月にもどるまで約(⑥ 　　　　)かかり
ます。

満月　　新月　　三日月　　半月　　1か月　　変わります

おうちの方へ　月の見え方は、新月→三日月→半月（上弦）→満月→半月（下弦）→新月と約1か月かけて変わっていきます。

2　次の（　　）にあてはまる言葉を □ から選んでかきましょう。

(1)　図1は（①　　　）の動きを表しています。満月は（②　　　）に東の空からのぼり、（③　　　）ごろ南の空を通り、（④　　　）ごろに西の空にしずみます。

図1　満月の動き

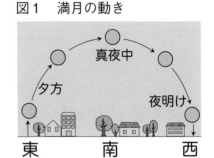

東　　　南　　　西

┌─────────────────────────┐
│ 夜明け　　夕方　　真夜中　　満月 │
└─────────────────────────┘

(2)　図2は（①　　　）の動きを表しています。半月は（②　　　）に東の空からのぼり、（③　　　）に南の空を通って（④　　　）ごろ西の空にしずみます。

図2　半月の動き

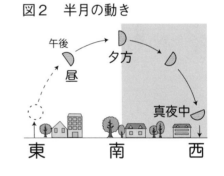

東　　　南　　　西

┌─────────────────────────┐
│ 真夜中　　昼　　夕方　　半月 │
└─────────────────────────┘

(3)　満月も半月も（①　　　）の空からのぼり、（②　　　）の空を通って（③　　　）の空にしずみます。月の動きは（④　　　）の動きと同じです。

┌─────────────────────────┐
│ 南　　西　　東　　太陽 │
└─────────────────────────┘

④ 星の動き

1 次の（　　　）にあてはまる言葉を ▭ から選んでかきましょう。

　星には、さまざまな（①　　　）があり、いろいろな明るさがあります。

　（②　　　）により、（③　　　）、２等星、３等星などに分けられます。

　星の集まりを動物などに見立てて、名前をつけたものを（④　　　）といいます。

　図は（⑤　　　）といい、アンタレスという（⑥　　　）色の星があります。

サソリザ

アンタレス
（赤い星）

☆１等星
✧２等星
○３等星

明るさ　　色　　星ざ　　赤い　　１等星　　サソリざ

2 あとの問いの答えを ▭ から選んでかきましょう。

図1

（⑦　　　　　　　　）

東　　あ○　　西

図2

（①　　　　　　　　）

A

5倍

午後9時

午後7時

西　　い○　　東

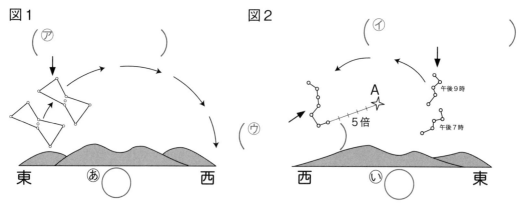

(1) ⑦、①、⑦に星ざの名前をかきましょう。

(2) あ、いの○の中に方位をかきましょう。

(3) 図2の星Aの名前をかきましょう。　　（　　　　　　）

オリオンザ　　カシオペアザ　　南　　北　　北極星　　北と七星

おうちの方へ 46ページの地球の図を見ましょう。南の空は太陽の動きと同じですが、北の空は北極星を中心に反時計回りに動きます。

3 次の( )にあてはまる言葉を ┆_┆ から選んでかきましょう。

(1) ことざの(①)、
わしざの(②)、
はくちょうざの
(③)をつなぐと三
角形ができます。この三
角形を(④)
といいます。この3つの星はすべて(⑤)です。

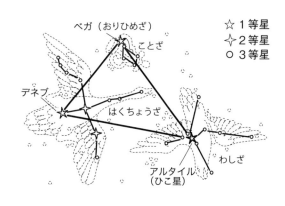

☆1等星
✧2等星
○3等星

ベガ(おりひめざ)
ことざ
デネブ
はくちょうざ
アルタイル
(ひこ星)
わしざ

```
アルタイル    デネブ    ベガ
１等星    夏の大三角
```

(2) オリオンざの
(①)、こいぬ
ざの(②)、おお
いぬざの(③)を
結んでできる三角形を
(④)といい
ます。
　これらの星はすべて(⑤)です。

☆1等星
✧2等星
○3等星

ベテルギウス
リゲル
オリオンざ
こいぬざ
シリウス
プロキオン
おおいぬざ

```
冬の大三角    シリウス    ベテルギウス
プロキオン    １等星
```

④ 月や星の動き まとめ (1)

1 次の（　　　）にあてはまる言葉を □ から選んでかきましょう。

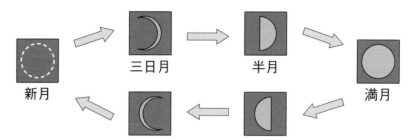

新月　　三日月　　半月　　満月

(1) 月の形は、毎日少しずつ（① 　　　　）、約（② 　　　　）で元の形にもどります。新月から３日目の月を（③ 　　　　）といい、新月から約（④ 　　　　）で満月になります。

> １か月　　変わり　　三日月　　15日

(2) 満月は夕方に（① 　　　）からのぼり（② 　　　　　）に南の空を通って（③ 　　　）の空にしずみます。半月は（④ 　　　）に東からのぼり（⑤ 　　　）に南の空を通って（⑥ 　　　）の空にしずみます。

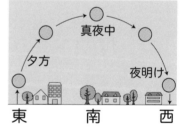

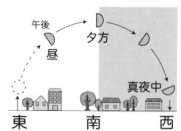

> 昼　　西　　真夜中
> 西　　東　　夕方

(3) 月の動き方は、（① 　　　　）と同じように（② 　　　）からのぼり（③ 　　　　）の空を通って（④ 　　　）にしずみます。

> 南　　東　　西　　太陽

2 次の（　　）にあてはまる言葉を□から選んでかきましょう。

(1) 星にはいろいろな（①　　　）のものがあります。そして、明るい星から（②　　　）、2等星などに分けられています。

また、星には白っぽい星や赤っぽい星などいろいろな（③　　　）もあります。サソリざのアンタレスという星は、（④　　　）色の1等星です。

アンタレス
（赤い星）

☆1等星
✦2等星
○3等星

┌─────────────────────┐
│ 色　　明るさ　　赤　　1等星 │
└─────────────────────┘

(2) 星の集まりをいろいろな形に見立てて名前をつけたものを（①　　　）といいます。星ざは時こくとともに、見えている（②　　　）は変わりますが、（③　　　）は変わりません。

┌─────────────────────┐
│ 位置（いち）　星ざ　　ならび方 │
└─────────────────────┘

3 次の（　　）にあてはまる言葉を□から選んでかきましょう。

オリオンざの（①　　　　　　）、おおいぬざの（②　　　　）、こいぬざの（③　　　　　）をつなぐと三角形ができます。

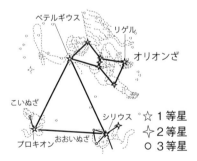

ベテルギウス
リゲル
オリオンざ
こいぬざ
シリウス
プロキオン　おおいぬざ

☆1等星
✦2等星
○3等星

この三角形を（④　　　　　　）といいます。この3つの星はすべて（⑤　　　　）です。

┌─────────────────────────────┐
│ プロキオン　　シリウス　　ベテルギウス │
│ 1等星　　冬の大三角 │
└─────────────────────────────┘

④ 月や星の動き まとめ (2)

1 次の( )にあてはまる言葉を▢から選んでかきましょう。

星の集まりを(①)や道具
などの形に見立てて、名前をつけ
たものを(②)といいます。
１等星や２等星というのは、星の
(③)を表しています。

アンタレス
(赤い星)

☆１等星
✩２等星
○３等星

また、星には、さまざまな(④)があります。図の星ざ
は(⑤)です。この星ざには、アンタレスという
(⑥)色の星があります。

> 明るさ　　赤い　　動物　　色　　星ざ　　サソリざ

2 星ざや星の名前を▢から選んでかきましょう。

夏の大三角

② ( )

(おりひめ星)

ことざ

① ( )

はくちょう
ベガ
アルタイル
デネブ

わしざ

④ (ざ)

③ ( ) (ひこ星)

3 星ざや星の名前を ☐ から選んでかきましょう。

冬の大三角

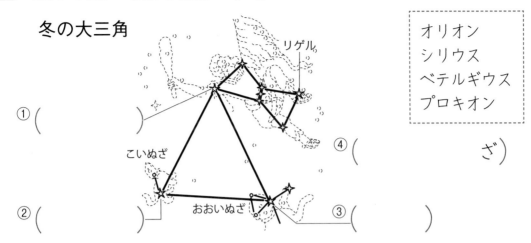

①（　　　　　　）

②（　　　　　　）

③（　　　　　　）

④（　　　　　　ざ）

```
オリオン
シリウス
ベテルギウス
プロキオン
```

4 次の（　　）にあてはまる言葉を ☐ から選んでかきましょう。

(1) 秋の夜、北東の空にはWの形の
（①　　　　　　　　　）を見ることがで
きます。この星ざを観察すると図の
ように、時間がたつにつれて
（②　　　　　　　）が変わります。しかし、
星の（③　　　　　　　）は変わりません。

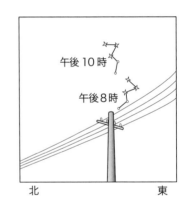

```
ならび方　　位置　　カシオペアざ
```

(2) 右の星ざは（①　　　　　　　　）です。星や
星ざの動きは、（②　　　　　　　）とともに見え
ている（③　　　　　　）が変わります。しかし、
（④　　　　　　）は変わりません。
　このあと、時こくが進むとこの星ざ
は（⑤　　　）の方向に動きます。

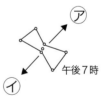

```
時こく　　ならび方　　位置　　オリオンざ　　㋐
```

月　日

ホップ

◆　なぞったり、色をぬったりしてイメージマップをつくりましょう

空気のせいしつ

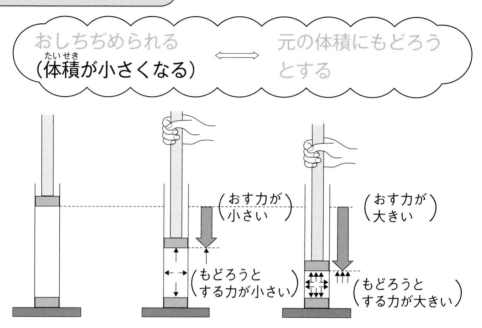

おしちぢめられる
（体積が小さくなる）　⇔　元の体積にもどろう
とする

水のせいしつ

おしちぢめられない

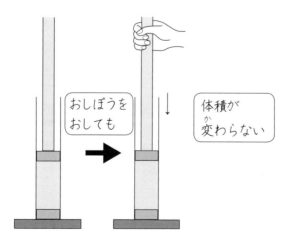

おしぼうを
おしても

体積が
変わらない

空気でっぽうのしくみ

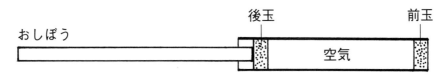

① おしぼうをおす

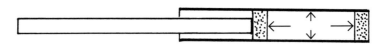

② 空気はおしちぢめられる

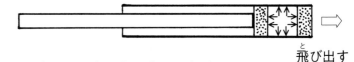

飛び出す

③ 空気が元の体積にもどろうとする

④ 前玉が飛び出す

エアーポットのしくみ

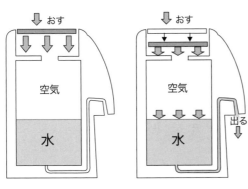

① ふたをおす
② 中の空気がおしちぢ
　められる
③ 水をおす

空気…目に見えない
水　…目に見える

空気のあわ

見えない空気も水中で
は、あわとして見るこ
とができます。

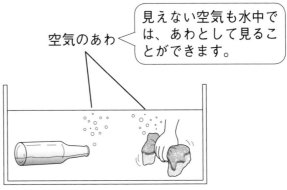

—57—

⑤ とじこめた空気

1 次の（　　）にあてはまる言葉を □ から選んでかきましょう。

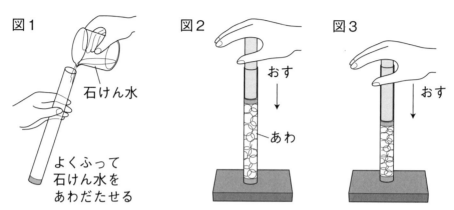

図1　石けん水　よくふって石けん水をあわだたせる

図2　おす　あわ

図3　おす

(1)　図1のようにあわだたせるのは、（①　　　　　）が目に見えるようにするためです。図2のように石けんの（②　　　　　）をとじこめて、ぼうをおすと（②）の体積は（③　　　　　）なります。このことから（④　　　　　）は、おしちぢめることができ、（⑤　　　　　）は小さくなることがわかります。

```
空気　　空気　　体積　　あわ　　小さく
```

(2)　図2から図3へさらに強くおしました。すると（①　　　　　）の体積はさらに（②　　　　　）なりました。このとき、手にはたらく（③　　　　　）とする力は、図2よりさらに（④　　　　　）なりました。このことから、空気の（⑤　　　　　）が小さくなるほど（③）とする力は（⑥　　　　　）なるとわかります。

```
小さく　　あわ　　大きく　　元にもどろう　　大きく　　体積
```

おうちの方へ とじこめた空気に力を加えると、体積が小さくなり、元にもどろうとする力がうまれます。

2 次の( )にあてはまる言葉を ⬚ から選んでかきましょう。

(1) 図は、空気でっぽうの玉が
飛ぶしくみを表しています。
まず、おしぼうをおしたと
き、つつの中にとじこめられ
た (①) の (②)
は (③) なります。

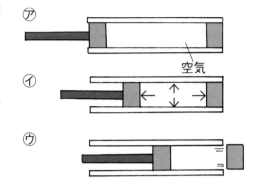

> 空気　　体積　　小さく

(2) 図の㋑のように、(①) 空気には、
(②) とする力がうまれます。この力が前玉
をおすことで前玉が飛びます。

> 元にもどろう　　おしちぢめられた

(3) 水中で空気でっぽうをうつと、前
玉は (①)。そのとき、
同時に空気の (②) が出ます。
　つつの中の (③)
空気が、目に (④) すがたで
出てきたものです。

> とじこめられた　　あわ　　飛び出ます　　見える

⑤ とじこめた水

1 次の（　）にあてはまる言葉を ▢ から選んでかきましょう。

(1) つつの中に（①　　）をとじこめて、ぼう
をおすと、ぼうは下に（②　　　）ません。
つまり、水の体積は（③　　　）しません。

　とじこめた水をおしても（④　　　）は変
わりません。水は（⑤　　　）られま
せん。だから（⑥　　　）とする力
もはたらきません。

```
下がり　　変化　　体積　　水　　元にもどろう
おしちぢめ
```

おしぼう
をおす

水

(2) ㋐の注しゃ器に（①　　　）をとじ
こめます。㋑の注しゃ器に（②　　）
をとじこめます。

　ピストンをおして、ピストンが下
がるのは（③　　）の方で、ピストン
が下がらないのは（④　　）の方です。

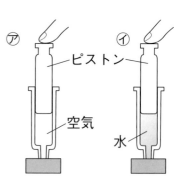

ピストン

空気

水

```
水　　空気　　㋐　　㋑
```

おうちの
方へ　とじこめた水に力を加えても、体積は変わりません。ですから元
にもどろうとする力もうまれません。

2　次の（　　）にあてはまる言葉を▢から選んでかきましょう。

(1)　㋐の注しゃ器に（①　　　）をとじこ
めます。㋑の注しゃ器には（①）と
（②　　　　　）をとじこめます。

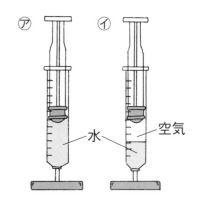

　ピストンをおして、ピストンが下
がるのは（③　　　）の方で、ピストン
が下がらないのは（④　　　）の方です。

　力を加えると、空気の体積は
（⑤　　　　　）なり、水の体積は
（⑥　　　　　　　　）。

```
変わりません　　小さく　　水　　空気　　㋐　　㋑
```

(2)　右の図はエアーポットのしくみを表した
ものです。エアーポットの上をおすと、
（①　　　）が出ます。これは、（②　　　　）が
水をおし出すからです。エアーポットは、
空気の（③　　　　　　　　　）とする力と水の
体積が（④　　　　　　　　）というせいしつを
利用した器具です。

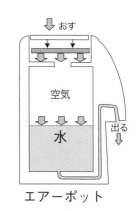

エアーポット

```
元にもどろう　　変わらない　　水　　空気
```

⑤ 空気と水 まとめ (1)

1 次の( )にあてはまる言葉を ☐ から選んでかきましょう。

(1) 図1のように、(①　　　　　　　)

つつの中の空気は、おしちぢめられて、

(②　　　　)が(③　　　　)なると元に

もどろうとする力がはたらきます。

(④　　　　　　)はこの力を利用し

て、前玉を飛ばします。

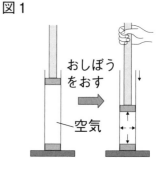

図1

おしぼう
をおす

空気

体積　　空気でっぽう　　小さく　　とじこめられた

(2) 空気をとじこめて、おしぼうをおすとき、ぼうをおす力

が(①　　　)ほど(②　　　)は小さくなり、(③　　　　　)

とする力は(④　　　)なります。元にもどろうとする力が

大きいほど手ごたえも(⑤　　　)なります。

元にもどろう　　大きく　　大きく　　強い　　体積

(3) 図2のように、とじこめられた

(①　　)は、おしぼうをおしても体

積が(②　　　　　)。つまり、

水は(③　　　　　)られず、その

ため、元にもどろうとする力は

(④　　　　　)。

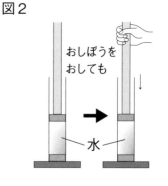

図2

おしぼうを
おしても

水

おしちぢめ　　変わりません　　ありません　　水

2 エアーポットの図を見て、あとの問いに答えましょう。

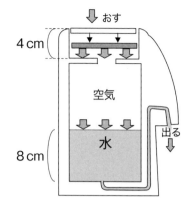

(1) ポットの上をおすと、水が出ます。水をおし出すのは何の力ですか。

（　　　　　　　　　　　　）

(2) 図のポットの上を１回おすと、水はどのくらい出ますか。次の①〜③の中から選んで答えましょう。

（　　　　）

① 全部出る。
② 入っている水の半分くらい出る。
③ 入っている水の４分の１くらい出る。

3 次の文のうち正しいものには○、まちがっているものには×をつけましょう。

① （　　） とじこめられた水をおしたとき、体積は小さくなります。

② （　　） とじこめられた空気をおしたとき、体積は変わりません。

③ （　　） とじこめられた空気をおしたとき、元にもどろうとする力がうまれます。

④ （　　） とじこめられた空気をおしたとき、空気の体積が小さいほど、元にもどろうとする力は、小さくなります。

⑤ （　　） 空気でっぽうは、とじこめられた空気の元にもどろうとする力で、玉を飛ばします。

⑥ （　　） とじこめられた空気をおしたとき、体積は小さくなります。

⑤ 空気と水 まとめ (2)

1 次の図は、空気でっぽうを表しています。（　　）にあてはまる名前を □ から選んでかきましょう。

㋐（　　　　　）　　㋑（　　　　　）　　㋒（　　　　　）

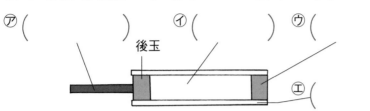

後玉

㋓（　　　　　）

おしぼう
前玉
つつ
空気

2 次の（　　）にあてはまる言葉を □ から選んでかきましょう。

(1) 空気でっぽうは、前玉と後玉で、つつの中に（①　　　　）をとじこめ、（②　　　　）をおしぼうでおすとつつの中の空気は（③　　　　　　　）。

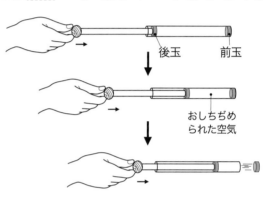

後玉　　前玉

おしちぢめられた空気

空気　　おしちぢめられます　　後玉

(2) 空気は（①　　　　　）られると、体積は（②　　　　）なり（③　　　　　　）とする力がはたらきます。

小さく　　おしちぢめ　　元にもどろう

(3) （①　　　　　　　）とする力で、前玉と後玉の両方をおしますが、後玉は、おしぼうでおさえられているので、（②　　　　）をおして、前玉が（③　　　　　　）。

飛びます　　元にもどろう　　前玉

3 次の（　）にあてはまる言葉を □ から選んでかきましょう。

(1) 図1のように空気でっぽう
に（① 　　）を入れます。ぼう
をおしたとき、前玉は、空気
を入れたときのように
（② 　　　　）飛びません。

図1

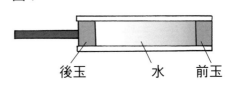

後玉　　　　水　　　前玉

　水は（③ 　　　　）られないので、（④ 　　　　　）
とする力がはたらかないからです。

```
元にもどろう　　おしちぢめ　　水　　いきおいよく
```

(2) 図2のようなそうちでペットボトルロケットを飛ばします。

　　⑦の部分には、空気入れで
（① 　　　）を入れます。（①）
をたくさん入れるとペットボ
トル全体がいっぱいに
（② 　　　）ます。

　　次に発しゃレバーを引く
と、ペットボトルの口から
（③ 　　　）がいきおいよく出ます。

図2

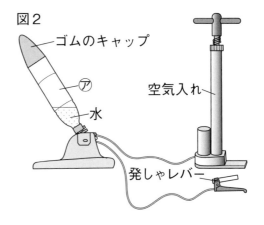

ゴムのキャップ
⑦
空気入れ
水
発しゃレバー

　　これは空気の（④ 　　　　　）とする力におされて出た
ものです。この力でロケットは飛ぶのです。

```
水　　空気　　元にもどろう　　ふくれ
```

⑥ 動物の体のつくりと運動

ホップ

◆ なぞったり、色をぬったりしてイメージマップをつくりましょう

ほねのはたらき

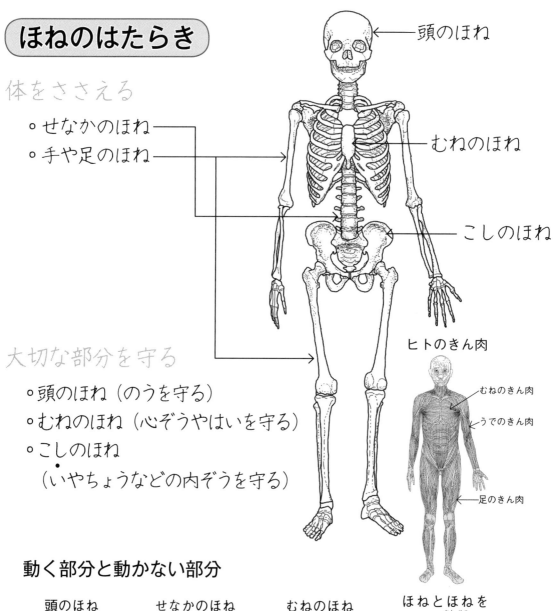

体をささえる

- せなかのほね
- 手や足のほね

頭のほね

むねのほね

こしのほね

大切な部分を守る

- 頭のほね（のうを守る）
- むねのほね（心ぞうやはいを守る）
- こしのほね
  （いやちょうなどの内ぞうを守る）

ヒトのきん肉

むねのきん肉

うでのきん肉

足のきん肉

動く部分と動かない部分

頭のほね	せなかのほね	むねのほね	ほねとほねをつなぐ関節
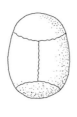		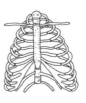	
（動かない）	（少し動く）	（少し動く）	（よく動く）

ほねと関節ときん肉

◦ ヒトの体には、かたくてじょうぶなほねと
  やわらかいきん肉がある。
◦ ほねとほねのつなぎ目で、体を曲げられるところを関節と
  いう。

きん肉のしくみ　ちぢむ—ふくらむ
　　　　　　　　ゆるむ—のびる

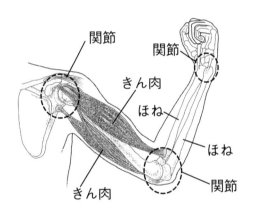

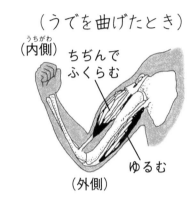

（うでを曲げたとき）

（内側）^{うちがわ}　ちぢんで
　　　　　　ふくらむ

ゆるむ

（外側）

（うでをのばしたとき）

（内側）　ゆるむ
　　　　　のびる

ちぢむ

（外側）

動物の体のつくり

動物にもヒトと同じようにほね、きん肉、関節があり、体をさ
さえたり、動かしたりしている。

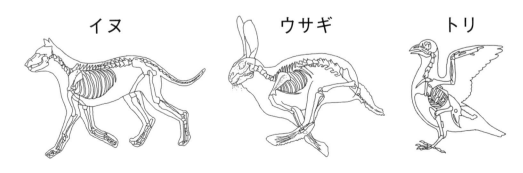

イヌ　　　　ウサギ　　　　トリ

⑥ ほねときん肉 (1)

月　日

ステップ

1 次の（　　）にあてはまる言葉を □ から選んでかきましょう。

(1) 図のしめす部分の名前を（　　）にかきましょう。

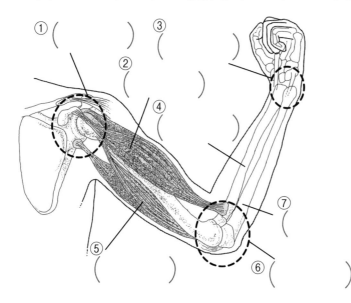

① （　　　　　）　③ （　　　　　）

② （　　　　　）

④ （　　　　　）

⑤ （　　　　　）

⑥ （　　　　　）

⑦ （　　　　　）

関節 (かんせつ)
関節
関節
ほね
ほね
きん肉
きん肉

(2) ヒトの体には、かたくてじょうぶな（①　　　　　）と、やわらかい（②　　　　　　）があります。また、ほねとほねの（③　　　　　　）で、体を曲げられるところを（④　　　　　）といいます。

> ほね　　きん肉　　関節　　つなぎ目

(3) 手には、たくさんの（①　　　　　）があります。そのため指を（②　　　　　）ことができます。指が曲げられるので手でものを（③　　　　　）ことができるのです。

> つかむ　　曲げる　　関節

おうちの
方へ　ヒトの体には、骨と筋肉、骨と骨をつなぐ関節があります。骨は
体を支え、筋肉ののび縮みで動くことができます。

2　次の（　　）にあてはまる言葉を ▢ から選んでかきましょう。

(1)　図1の①〜⑥はどこの
ほねですか。（　）にか
きましょう。

図1

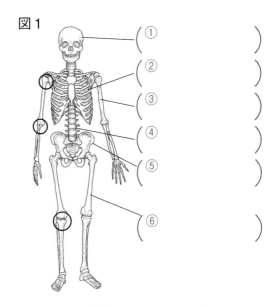

（①　　　　　　　　）

（②　　　　　　　　）

（③　　　　　　　　）

（④　　　　　　　　）

（⑤　　　　　　　　）

（⑥　　　　　　　　）

> むねのほね
> 頭のほね
> こしのほね
> 足のほね
> うでのほね
> せなかのほね

(2)　図1の◯の部分は、ほねとほねの（①　　　　　　　　）で、体
を（②　　　　　　　　）ところで、（③　　　　　　）といいます。

> 関節　　つなぎ目　　曲げられる

(3)　図2の①〜③はどこの
きん肉ですか。（　）に
かきましょう。

図2

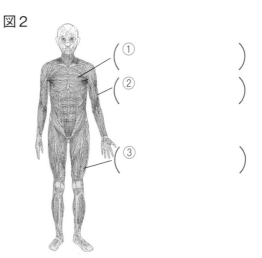

（①　　　　　　　　）

（②　　　　　　　　）

（③　　　　　　　　）

> うでのきん肉
> 足のきん肉
> むねのきん肉

⑥ ほねときん肉 (2)

1 次の(　　)にあてはまる言葉を☐から選んでかきましょう。

(1) わたしたちの体には、かたくてじょうぶな(① 　　　　)と、やわらかい(② 　　　　)があります。ほねもきん肉も(③ 　　　　)にあります。

```
全身
きん肉
ほね
```

図1 ヒトのほね

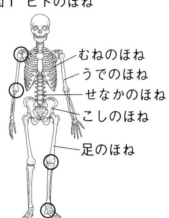

むねのほね
うでのほね
せなかのほね
こしのほね
足のほね

図2 ヒトのきん肉

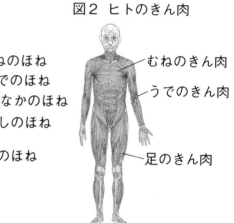

むねのきん肉
うでのきん肉
足のきん肉

(2) 図1の○のように体には曲げられるところがあります。この部分を(① 　　　　)といいます。図3は(② 　　　　)のほねです。せなかには多くの(③ 　　　　)があり、それらを少しずつ曲げることでせなか全体を(④ 　　　　)ことができます。

図3 せなかのほね

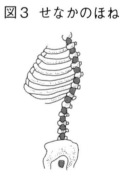

```
関節　　関節　　曲げる　　せなか
```

(3) 右の図は(① 　　　　)のほねです。足にも多くの(② 　　　　)があります。関節は、ほねとほねの(③ 　　　　)です。

図4 足のほね

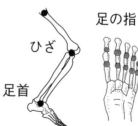

足の指
ひざ
足首

```
関節　　足　　つなぎ目
```

おうちの
方へ
骨には、頭の骨のように動かないものと、背中の骨や胸の骨のように少し動くものがあります。

2 次の文の(　　)のうち、正しい方に〇をつけましょう。

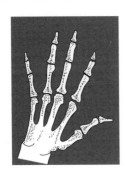

左の写真は(①足・手)のレントゲン写真です。写真からわかるように、ほねとほねのつなぎ目である(②きん肉・関節)が(③多く・少なく)あります。手でものを(④つかんだり・けったり)できるのは、このためです。

3 次のほねやきん肉についてかかれた文で、正しいものには〇、まちがっているものには×をつけましょう。

①　(　　)　きん肉は、うでと足だけにしかありません。

②　(　　)　ヒトの体のやわらかいところを関節といいます。

③　(　　)　ほねは、ヒトの体全体にあります。

④　(　　)　ほねとほねをつなぐ部分を関節といいます。

4 ほねの名前と動きを、線で結びましょう。

① 頭のほね　　　② せなかのほね　　　③ ほねとほねを
　　　　　　　　　　　　　　　　　　　　　つなぐ関節

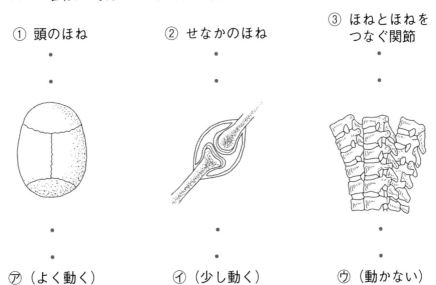

⑦ (よく動く)　　　⑦ (少し動く)　　　⑦ (動かない)

⑥ 動物の体

1 次の(　　)にあてはまる言葉を☐から選んでかきましょう。

(1) うでを曲げると内側のきん肉は
(①　　　　)、外側の(②　　　　)
は(③　　　　)ます。

　　うでをのばすと内側のきん肉は
(④　　　　)、外側の(⑤　　　　)
は(⑥　　　　)ます。

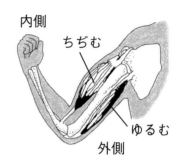

内側

ちぢむ

ゆるむ

外側

> きん肉　　ちぢみ　　ゆるみ
> ◉2回ずつ使います

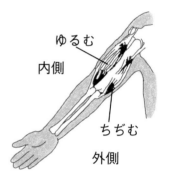

ゆるむ

内側

ちぢむ

外側

(2) きん肉を(①　　　　　　)、(②　　　　　　)する
ことで、わたしたちは体を動かすことができます。

> ちぢめたり　　ゆるめたり

2 次の(　　)にあてはまる言葉を☐から選んでかきましょう。

ウサギなどの動物にも(①　　　　)と
同じように(②　　　)や(③　　　　)、
(④　　　)があります。

> 関節　ヒト　ほね　きん肉

おうちの
方へ　ヒトの体と同じように、ウサギなどの動物の体にも骨や筋肉、関節などがたくさんあります。

3 次の( )にあてはまる言葉を▢から選んでかきましょう。

　ウサギの体は、㋐のようなかたくてじょうぶな部分を(①)といい、㋑のようなやわらかい部分を(②)といいます。㋒のようなほねとほねの(③)で曲げられるところを(④)といいます。

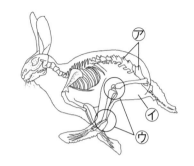

> 関節　　きん肉　　ほね　　つなぎ目

4 次の( )にあてはまる言葉を▢から選んでかきましょう。

(1) わたしたちの体は、(①)のほねや(②)のほねがないと、立ったり、正しいしせいを(③)ことができません。ほねには、体を(④)役わりがあります。

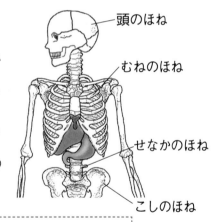

頭のほね
むねのほね
せなかのほね
こしのほね

> こし　　せなか　　ささえる　　たもつ

(2) 頭のほねは(①)を守り、(②)のほねは心ぞうやはいを守っています。このように、ほねには体の中にあるやわらかいところを(③)はたらきがあります。

> 守る　　のう　　むね

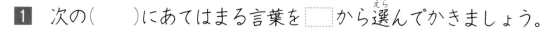

1 次の( )にあてはまる言葉を □ から選んでかきましょう。

(1) 図の①〜③はきん肉、④〜⑦はほねの名前をかきましょう。

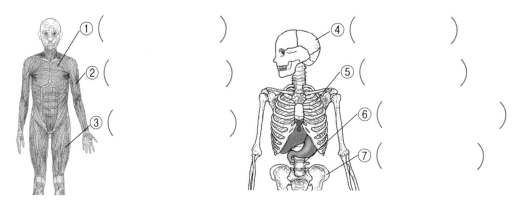

① ( )
② ( )
③ ( )

④ ( )
⑤ ( )
⑥ ( )
⑦ ( )

足のきん肉、うでのきん肉 むねのきん肉	こしのほね、頭のほね むねのほね、せなかのほね

(2) ほねには、せなかのほねや(①)のほねのように体
を(②)役わりがあります。また、頭や(③)
のほねのように、のうや(④)など体の中にある
(⑤)ところを(⑥)役わりがあります。

守る ささえる 心ぞう こし むね やわらかい

(3) 動物にもヒトと同じように、かたくてじょうぶな
(①)や、やわらかい(②)があります。また、
ほねとほねをつなぐ(③)もあります。そして、体を
(④)たり、(⑤)たりしています。

ささえ ほね きん肉 動かし 関節

2 動物の図を見て、あとの問いに記号で答えましょう。

ウサギ

(1) 心ぞうやはいを守っているほねはそれぞれどれですか。　（　　　）（　　　）

(2) のうを守っているのは、それぞれどれですか。　（　　　）（　　　）

ハト

(3) ウサギの⑦にあたるほねは、ハトではどれですか。　　　（　　　）

3 次の（　　）にあてはまる言葉を □ から選んでかきましょう。

(1) うでを曲げると内側の（①　　　　）は（②　　　　）ふくらみ、外側のきん肉は（③　　　　）。反対に、うでをのばすと内側のきん肉は（④　　　　）、外側の（⑤　　　　）は（⑥　　　　）。

（うでを曲げたとき）
ちぢんでふくらむ
ゆるむ

（うでをのばしたとき）
ゆるむ
ちぢむ

```
ちぢんで　　ちぢみます
ゆるみます　　ゆるみ
きん肉　　きん肉
```

(2) ほねについている（①　　　　）を（②　　　　）、（③　　　　）することで、体を動かすことができます。

```
ゆるめたり　　ちぢめたり　　きん肉
```

6 動物の体のつくりと運動 まとめ (2)

月　日

1 ほねの名前と動きを線で結びましょう。

① 頭のほね　　② むねのほね　　③ ほねとほねを
　　　　　　　　　　　　　　　　つなぐ関節

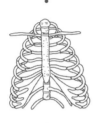　　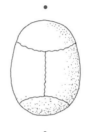　　

㋐（よく動く）　　㋑（少し動く）　　㋒（動かない）

2 次の（　）にあてはまる言葉を □ から選んでかきましょう。

(1) うでを曲げたとき、内側のきん肉は（①　　　）ふくらみ、（②　　　）のきん肉は（③　　　）ます。うでをのばしたとき、（④　　　）のきん肉は（⑤　　　）、外側のきん肉は（⑥　　　）ます。

内側　　外側　　ちぢみ　　ちぢんで　　ゆるみ　　ゆるみ

(2) 重いものを持ち上げると、きん肉は（①　　　）なり、ものを下ろして力をぬくと、きん肉は（②　　　）なります。

やわらかく　　かたく

3 次の文の（　　）のうち、正しい方に○をつけましょう。

　右の図は、ウサギの走るようすです。図の⑦は、体のかたいところで（①ほね・関節）といいます。①は体のやわらかいところで（②ほね・きん肉）といいます。⑦はほねとほねのつなぎ目で（③きん肉・関節）といいます。

　ウサギのような動物にも、ヒトと（④同じように・ちがい）ほね、きん肉、関節が（⑤あります・ありません）。

4 次のほねやきん肉についてかかれた文で、正しいものには○、まちがっているものには×をつけましょう。

① （　　）　ヒトのおしりは、きん肉でできています。

② （　　）　ほねは、ヒトの体全体にあります。

③ （　　）　ハトのつばさは、関節のはたらきでよく動くようにできています。

④ （　　）　きん肉は、手足だけにしかありません。

⑤ （　　）　手には、たくさんの関節があり、それにあわせてきん肉がついています。

⑥ （　　）　こしのほねは、心ぞうなどを守っています。

⑦ （　　）　頭のほねは、のうを守っています。

⑧ （　　）　せなかのほねは、体をささえる役わりがあります。

⑨ （　　）　むねのほねは、心ぞうなどを守っています。

◆　なぞったり、色をぬったりしてイメージマップをつくりましょう

空気（気体）の温度と体積

体積の変化は、とても大きい

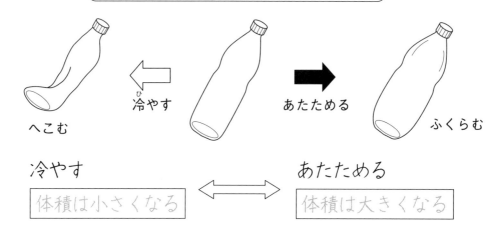

へこむ　　　冷やす　　　　　あたためる　　　ふくらむ

冷やす　　　　　　　　　　　　あたためる

体積は小さくなる　　⟷　　体積は大きくなる

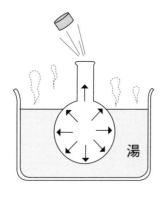

空気の
体積が大きくなって
せんが飛ぶ

湯につけたぞうきん

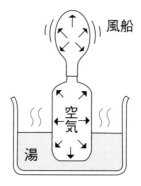

風船

空気の
体積が大きくなって
風船が、ふくらむ

水（えき体）の温度と体積

体積の変化は、空気（気体）より小さい

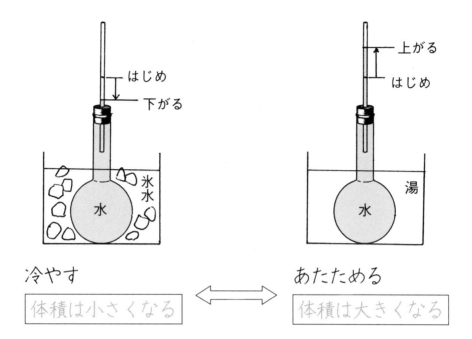

冷やす　⟷　あたためる

体積は小さくなる　　体積は大きくなる

金ぞく（固体）の温度と体積

体積の変化は、
見た目では、わからないほど小さい

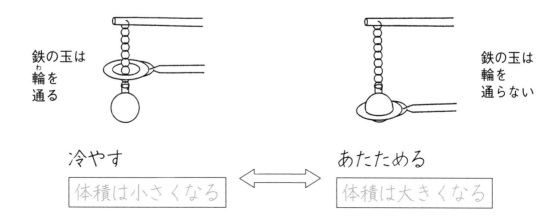

鉄の玉は輪を通る

鉄の玉は輪を通らない

冷やす　⟷　あたためる

体積は小さくなる　　体積は大きくなる

7 温度と空気や水の体積 (1)

1 次の( )にあてはまる言葉を □ から選んでかきましょう。

図1
60℃の湯

図2
氷水

(1) 図1のように、マヨネーズのよう器を湯につけて（①　　　　）ます。するとよう器は（②　　　　）ます。図2のように、氷水につけて（③　　　　）ます。するとよう器は（④　　　　）ます。

> ふくらみ　　へこみ　　あたため　　冷やし

(2) 図3のように丸底フラスコを湯につけて（①　　　　）ると、せんが（②　　　　）。

図3
発ぽう
ポリエチレン
のせん
60℃の湯

> 飛びます　　あたため

(3) 空気は（①　　　　）られると体積が（②　　　　）なります。反対に（③　　　　）と、体積が（④　　　　）なることがわかります。

> 大きく　　小さく　　あたため　　冷やす

おうちの
方へ　空気や水は、あたためると体積が大きくなり、冷やすと体積は小さくなります。空気の方が水より変化は大きくなります。

2　次の（　　）にあてはまる言葉を □ から選んでかきましょう。

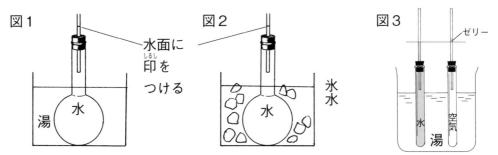

図1　　　　　水面に印をつける　　図2　　　　氷水　　図3　ゼリー　水　空気　湯

(1)　図1のように丸底フラスコを湯につけ、（①　　　　　）ると、水面は印より（②　　　　）ます。図2のように氷水につけ、（③　　　　）と、水面は印より（④　　　　）ます。

　　┌──────────────────────────┐
　　│　上がり　　下がり　　あたため　　冷やす　│
　　└──────────────────────────┘

(2)　図3のように水を入れた試験管と空気を入れた試験管を湯につけて（①　　　　　）ます。すると水は、はじめの位置よりも（②　　　　）ます。また、空気の方は、はじめの位置にゼリーで印をします。ゼリーもはじめの位置より（③　　　　）ます。しかし（④　　　　　）の方が（⑤　　　）よりもいきおいよく上へ上がりました。

　　┌──────────────────────────┐
　　│　空気　　水　　上がり　　上がり　　あたため　│
　　└──────────────────────────┘

(3)　水の体積は（①　　　　）ると（②　　　　）なり、（③　　　　）と（④　　　　）なります。（⑤　　　　）の方が水よりも変化が（⑥　　　　）ことがわかります。

　　┌──────────────────────────────┐
　　│　大きく　　小さく　　あたため　　冷やす　　大きい　　空気　│
　　└──────────────────────────────┘

7 温度と空気や水の体積 (2)

1 次の(　　)にあてはまる言葉を □ から選んでかきましょう。

図1

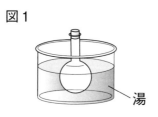
湯

図2

風船
湯

(1) 図1のように、空気の入った丸底フラスコにせんをして、湯につけてあたためました。

　　すると、せんは(①　　　　　)。つまり(②　　　)はあたためられると、体積が(③　　　　)ことがわかりました。

> 空気　　大きくなる　　飛びました

(2) 図2のようによう器にかぶせた風船が(①　　　　)のは、よう器の中の(②　　　)が湯で(③　　　　)られて体積が(④　　　)なったからです。

> あたため　　ふくらむ　　大きく　　空気

(3) 図2のじょうたいのよう器を、氷水につけると風船は(①　　　)ます。これは、よう器の中の(②　　　)が氷水によって(③　　　　)て、(④　　　)が小さくなったからです。

> 空気　　体積　　しぼみ　　冷やされ

おうちの方へ　空気は気体です。水は液体です。温度による体積の変化は気体の方が大きくなります。

2 次の（　　）にあてはまる言葉を　　から選んでかきましょう。

(1)　図のように（①　　　）の入った丸底

フラスコを氷水で（②　　　）まし

た。すると、水面は最初の位置より

も（③　　　）ました。このことか

ら、水は（④　　　）と（⑤　　　）

が小さくなることがわかります。

水面に印をつける

氷水

```
下がり　　冷やし　　冷やす　　体積　　水
```

(2)　図のフラスコを60℃の湯につけて（①　　　）ました。

すると、水面は湯につける前よりも（②　　　）ました。

このことから水は（③　　　）られると（④　　　）が大き

くなることがわかります。

```
上がり　　あたため　　あたため　　体積
```

3　次の文について、正しいものには○、まちがっているもの
には×をつけましょう。

①（　　）　空気や水の体積は温度が高くなると大きくなり、
温度が低くなると小さくなります。

②（　　）　空気も水も温度による体積の変化は小さいです。

③（　　）　水よりも空気の方が温度による体積の変化は大
きいです。

7 温度と金ぞくの体積

1 次の（　　　）にあてはまる言葉を □ から選んでかきましょう。

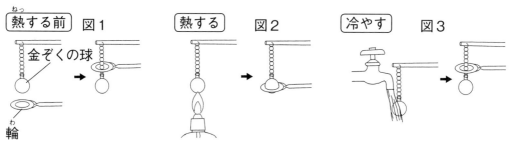

熱する前 図1　　熱する 図2　　冷やす 図3

金ぞくの球

輪

(1) 図1のように金ぞくの球は輪を（①　　　　　）。しかし、

図2のように金ぞくの球を熱すると輪を（②　　　　　　）。

通らなくなった金ぞくの球を図3のように水で（③　　　　）

とふたたび輪を（④　　　　　　）。

> 通ります　　通ります　　通りません　　冷やす

(2) 上の実験から（①　　　　　）も空気や水と（②　　　　　）ように

あたためると体積が（③　　　　　）なり、冷やすと体積が

（④　　　　　）なることがわかります。しかし、金ぞくの体積

の変化は、見た目ではほとんど（⑤　　　　　　　）。

> 大きく　　小さく　　同じ　　わかりません　　金ぞく

(3) 空気と水と金ぞくは、（①　　　　　　　）と体積が大きく

なり、（②　　　　　）と体積は小さくなります。このうち温度

による体積の変化が一番小さいのは（③　　　　　）です。

> 金ぞく　　あたためる　　冷やす

おうちの
方へ　固体である金属も温度によって変化します。水や空気と同じ変化
　　　ですが、変化が少なく見た目ではわかりません。

2 次の(　　)にあてはまる言葉を ⬚ から選んでかきましょう。

(1) 金ぞくは、(①　　　　　　)と体積が(②　　　　)なり、
　　(③　　　　　)と体積が(④　　　　)なります。

> 大きく　　小さく　　あたためる　　冷やす

(2) 図は鉄道のレールです。鉄道のレールは(①　　　　)でで
　　きています。㋐のレールのつなぎ目
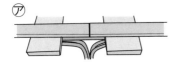
　　はすき間がありません。
　　　これは夏の時期のようすで金ぞく
　　が(②　　　　)られて、(③　　　)
　　が大きくなっているからです。
　　㋑のレールのつなぎ目はすき間が(④　　　　)。これは
　　冬の時期のようすで金ぞくが(⑤　　　　)て、体積が小さ
　　くなっているからです。

> あたため　　冷やされ　　体積　　金ぞく　　あります

(3) 空気、(①　　)、金ぞくの温度による体積の変化が一番大
　　きいのは(②　　)で、変化が一番小さいのは(③　　　)
　　です。

> 空気　　水　　金ぞく

1 次の( )にあてはまる言葉を □ から選んでかきましょう。

図1

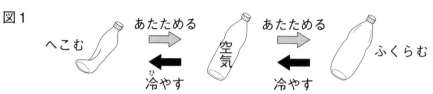

へこむ　あたためる　空気　あたためる　ふくらむ　冷やす　冷やす

(1) 図1のように(①)の入ったよう器をあたためるとよう器は(②)、冷やすとよう器は(③)ます。

　これは、空気をあたためると体積が(④)なり、冷やすと体積が(⑤)なるからです。

> 空気　大きく　小さく　ふくらみ　へこみ

図2

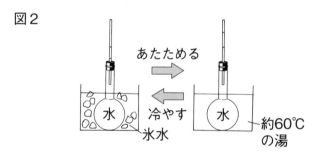

あたためる　水　冷やす　水　氷水　約60℃の湯

(2) 図2のように(①)をあたためるとガラス管の中の水面は(②)、冷やすと水面は(③)ます。

　これは、水も空気と同じように、あたためると体積が(④)なり、冷やすと体積が(⑤)なるからです。

> 上がり　下がり　大きく　小さく　水

2 次の（　　　）にあてはまる言葉を □ から選んでかきましょう。

(1) 図のように（① 　　　　）と（② 　　　　）の入
った試験管をそれぞれあたためます。す
ると、どちらの試験管もはじめの位置よ
り上に（③ 　　　　）ました。しかし、ゼ
リーの位置の方が（④ 　　　　）の位置よ
りも（⑤ 　　　　）なりました。このことから、温度による変
化は（⑥ 　　　　）よりも（⑦ 　　　　）の方が大きいことがわかり
ます。

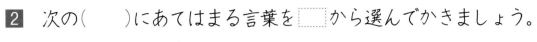

```
空気　　空気　　水　　水　　上がり　　高く　　水面
```

(2)

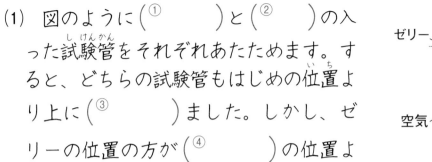

輪を通る金ぞくの球を熱すると輪を（① 　　　　）なり
ます。その金ぞくの球を水で冷やすと、ふたたび輪を
（② 　　　　）。これより金ぞくも（③ 　　　　）と体
積が大きくなり、（④ 　　　　）と体積が小さくなります。

```
通ります　　通らなく　　あたためる　　冷やす
```

(3) 空気、（① 　　　）、金ぞくの温度による体積の変化が一番
大きいのは（② 　　　）で、一番小さいのは（③ 　　　）です。

```
空気　　水　　金ぞく
```

1 次の( )にあてはまる言葉を□から選んでかきましょう。

(1) 図のように、空気の入ったよう器に風船
をかぶせて、湯の中であたためました。風
船が (①) のは、よう器の中の
(②) が湯で (③) られて
(④) が大きくなったからです。

風船

湯

> 空気 　体積 　ふくらむ 　あたため

(2) 次に同じよう器を氷水につけ、冷やしました。風船は
(①) ました。これは、よう器の中の (②) が
氷水によって (③) て、(④) が小さくなっ
たからです。

> 空気 　体積 　しぼみ 　冷やされ

(3) ジャムのびんのふたなど、金ぞくのふたが開かなくなれば

ガラスのびん
湯

金ぞくのふた

(①) の中に入れて、ふたを
(②) ます。すると金ぞ
くの体積は (③) て、ふたが
少し (④) なり、すき間が
でき、開けることができます。

> 大きく 　湯 　ふえ 　あたため

2 表の（　　）にあてはまる言葉を　　から選んでかきましょう。

	空気	水	金ぞく
	あたためる → ← 冷やす	あたためる → ← 冷やす	あたためる → ← 冷やす
温度が（①　　）なると	体積が大きくなる。	体積が（③　　）なる。	体積が大きくなる。
温度が（②　　）なると	体積が（④　　）なる。	体積が小さくなる。	体積が（⑤　　）なる。
温度による体積の変化は	いちばん（⑥　　）。	空気より（⑦　　）。	見た目では（⑧　　）。

```
小さく    小さく    低く    高く    大きく
大きい    小さい    わからない
```

3 次の文について、正しいものには○、まちがっているものには×をつけましょう。

① （　　） 金ぞくの温度による体積の変化は大きいので見た目でわかります。

② （　　） 空気と水と金ぞくは、どれもあたためると体積が大きくなります。

③ （　　） 空気と水と金ぞくのうち、温度による体積の変化が一番大きいのは水です。

④ （　　） 空気と水と金ぞくのうち、温度による体積の変化が一番小さいのは金ぞくです。

⑧ もののあたたまり方

◆　なぞったり、色をぬったりしてイメージマップをつくりましょう

金ぞくのあたたまり方

> 金ぞくは、あたためられた部分から順に、あたたまっていく

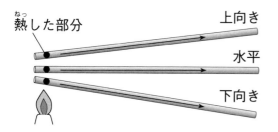

熱した部分　　　　　　　上向き

水平

下向き

上向きでも下向きでも
同じようにあたたまっていく

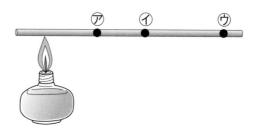

⑦　　　④　　　　　⑦

あたためられたところから
近い順にあたたまっていく

金ぞくの板

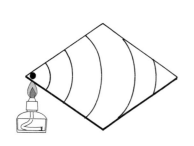

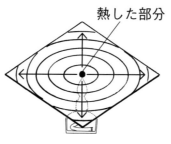

熱した部分

あたためられた部分から
熱が伝わっていく

水や空気のあたたまり方

あたためられた部分が上へ動き
全体があたたまっていく

底（そこ）の部分をあたためる

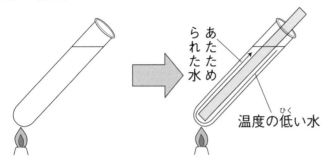

先に上の方があたたまる
そのあと、全体があたたまる

あたためられた水
温度の低い水

水面の近くをあたためる

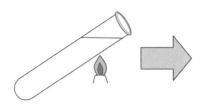

上の方だけあたたまる
（下の方は冷たいまま）

あたためられた水
温度の低い水

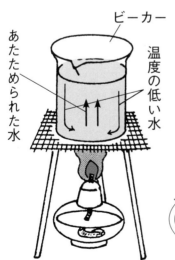

ビーカー
あたためられた水
温度の低い水

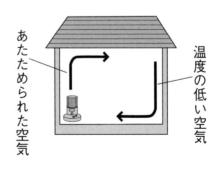

あたためられた空気
温度の低い空気

あたためられた水（空気）は上へ動く
温度の低い水（空気）は下へ動く

くり返して、全体があたたまっていく

8 金ぞくのあたたまり方

1 図のように金ぞくのぼうの㋐、㋑、㋒にろうをぬって、あたためる実験をしました。あとの問いに答えましょう。

(1) 図1、図2について、ろうがとけた順に（　）に記号をかきましょう。

（図1）

（　　）→（　　）→（　　）

（図2）

（　　）→（　　）→（　　）

図1

ろう
金ぞくぼう

(2) 次の（　）にあてはまる言葉を▢から選んでかきましょう。

図2

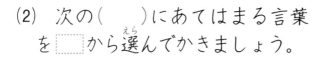

　２つの実験の結果から、金ぞくのぼうは、（① 　　　　　）に関係なく（② 　　　　　）部分から（③ 　　　　　）に熱が伝わるということがわかります。

熱した　　近い順　　かたむき

(3) 図3の実験について、正しいものには○、まちがっているものには×をつけましょう。

① （　　）㋑、㋒、㋐の順にろうがとけます。

② （　　）㋒、㋑、㋐の順にろうがとけます。

③ （　　）㋐、㋑、㋒は同時にろうがとけます。

図3

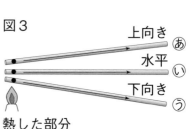

上向き ㋐
水平 ㋑
下向き ㋒

熱した部分

おうちの
方へ　金属の熱の伝わり方を伝導といいます。熱する部分から近い順に
　　熱は伝わっていきます。

2　金ぞくの板をあたためる実験をしました。

(1)　正しいものには○、まちがっているも
のには×をつけましょう。

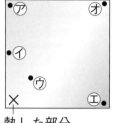
熱した部分

①　（　　）　オが１番最初にろうがとけま
す。

②　（　　）　イが２番目にろうがとけます。

③　（　　）　アとエとオのろうはとけません。

④　（　　）　ウが１番最初にろうがとけます。

(2)　次の①～③のあたたまり方で、正しいものに○をつけま
しょう。（図の×は熱した部分）

①　金ぞくの板の中央をあたためたとき

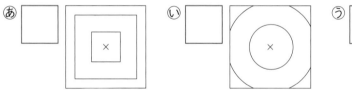　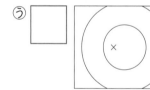

②　金ぞくの板のはしをあたためたとき

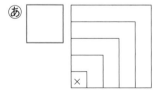　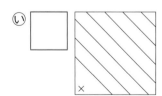　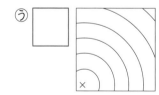

③　切れこみのある金ぞくの板をあたためたとき

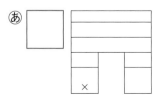　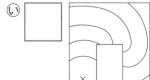　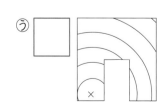

❽ 水や空気のあたたまり方 (1)

1 次の( )にあてはまる言葉を ⬚ から選んでかきましょう。

(1) 試験管の底を熱すると、
(①) 水が上
へ動き、(②)
水が下へ動きます。これが
くり返されて (③) の
水があたたまります。

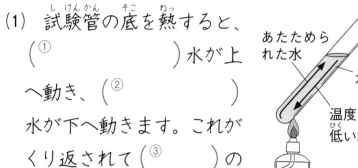
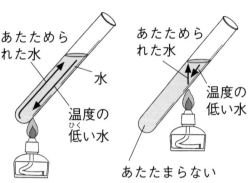

試験管の水面の近くを熱すると、(④)だけが、あた
ためられ、(⑤)の方はあたたまりません。

上　　下　　全体　　あたためられた　　温度の低い

------

(2) ビーカーの (①) の部分を熱する
と、底にある絵の具は (②)
水といっしょに (③)へ動きます。上
にあった (④) 水が (⑤)
の方へ動きます。

アルコールランプ

このようなことが、くり返されてビー
カー (⑥) の水があたたまります。

上　　下　　全体　　温度の低い　　あたためられた　　底

2　次の（　　）にあてはまる言葉を ▢ から選んでかきましょう。

右の図は部屋の中の（①　　　）の
動きを表しています。

（②　　　　　　）空気は上へ
動き、（③　　　　　）空気は下へ
動きます。このようなことをくり返
して、空気（④　　　）があたたまっ
ていきます。

空気のあたたまり方は、（⑤　　）のあたたまり方と、よく
にています。

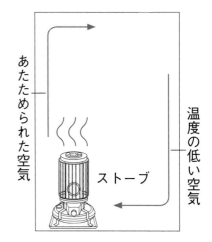

あたためられた空気

温度の低い空気

ストーブ

```
あたためられた　　温度の低い　　水　　全体　　空気
```

3　次の文のうち正しいものには○、まちがっているものには
×をつけましょう。

① （　　）　あたためられた水は上へ動きます。

② （　　）　温度の低い水は上へ動きます。

③ （　　）　あたためられた空気は下へ動きます。

④ （　　）　温度の低い空気は下へ動きます。

⑤ （　　）　温度の低い水は下へ動きます。

⑥ （　　）　あたためられた空気は上へ動きます。

⑦ （　　）　水と空気のあたたまり方は同じです。

⑧ （　　）　水と空気のあたたまり方はちがいます。

⑧ 水や空気のあたたまり方 (2)

1 図のような実験をしました。あとの問いに答えましょう。

(1) 図の㋐は何ですか。正しい
ものに○をつけましょう。

（サーモテープ・ふっとう石）

図1　　図2

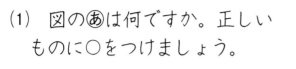

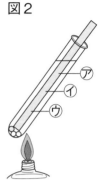

(2) 次の（　　）にあてはまる㋐
〜㋒の記号をかきましょう。

　　図1の実験で、最初に色が変わるのは（① 　　　）で、最後
まで色が変わらないのは（② 　　　）です。

　　図2の実験では、最初に（③ 　　　）の色が変わり、次に
（④ 　　　）、最後に（⑤ 　　　）の色が変わります。

(3) 次の（　　）にあてはまる言葉を□から選んでかきましょう。

　　図2の実験のように試験管の（① 　　　）の方を熱したとき
は、（② 　　　）の方の水もあたたまります。これは、まず
（③ 　　　　　　　　）水が上へ動き、（④ 　　　　　　　　）水が
下へ動き、このようなことをくり返して（⑤ 　　　　）があた
たまるからです。しかし、図1の実験のように試験管の
（⑥ 　　　）の方を熱したときは、（⑦ 　　　）の方はあたたまり
ません。

> 上　　下　　水全体　　温度の低い
> 上　　下　　あたためられた

おうちの方へ　水の温度を上げると体積が増えて軽くなります。温度を下げると体積が減って重くなります。これが水のあたたまり方です。

2　あとの問いに答えましょう。

(1)　20℃の水の中に40℃の水と5℃の水を入れたよう器を入れると図1のようになりました。⑦と⑦には、それぞれ何℃の水が入っていますか。

⑦（　　　　）　⑦（　　　　）

図1

20℃の水

(2)　図2のような実験をしました。絵の具ははじめどのように動きますか。右の図に矢印をかきましょう。

図2

水

絵の具

(3)　次の（　　）にあてはまる言葉を▢から選んでかきましょう。

図1・図2の結果から、（①　　　　　　　）水は上へ動き、（②　　　　　　　）水は下へ動くことがわかります。

> あたためられた　　温度の低い

3　次の（　　）にあてはまる言葉を▢から選んでかきましょう。

手に持っている線こうのけむりは、いきおいよく（①　　　）へ動きます。このことから（②　　　　　　　）空気は上へ動くことがわかります。空気のあたたまり方は（③　　　）のあたたまり方と（④　　　　）です。

線こう

電熱器

> 水　　あたためられた　　上　　同じ

1 次の（　　）にあてはまる言葉を □ から選んでかきましょう。

(1) ストーブで（①　　　　　　）している

部屋の空気の温度をはかると、上の方

が（②　　　　　）、下の方が（③　　　　　）な

っています。空気はあたためられる

と、周りの空気より（④　　　　　）なり、

上の方へ動きます。上の方にあった温度の低い（⑤　　　　）

空気が下の方へ下りてきます。

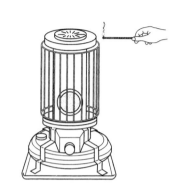

> 高く　　低く　　軽く　　重い　　だんぼう

(2) Ⓐは（①　　　　　　　）られた水が

（②　　　　　）なって上に上がるところで

す。Ⓑは上がってきた軽い水より

（③　　　　　）水が下に下りるところで

す。Ⓑの水は、また（①　）られて、

Ⓐの方向に上がっていきます。このよ

うにビーカーの中を動きながら

（④　　　　　）の方からあたたまります。

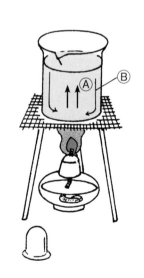

> 上　　あたため　　重い　　軽く

2 次の（　　）にあてはまる言葉を ⌐⌐ から選んでかきましょう。

　ろうをぬった金ぞくの板の中央部分を熱すると、熱した部分を（①　　　　）にして、（②　　　　）ができるように熱が広がり、ろうが（③　　　　）。

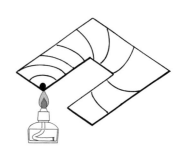

　図のように切りこみを入れた板の角を熱すると、熱した部分に（④　　　　）ところから（⑤　　　　）が伝わり、板のはしまで、ろうが（⑥　　　　）。

> とけます　　とけます　　円　　中心　　熱　　近い

3 次の文でもののあたたまり方として、正しいものには○、まちがっているものには×をつけましょう。

①（　　）　空気は金ぞくのあたたまり方とにています。

②（　　）　水は空気のあたたまり方とにています。

③（　　）　金ぞくは水のあたたまり方とにています。

④（　　）　ろうをぬった金ぞくのぼうを熱するとき、かたむけると速くろうがとけます。

⑤（　　）　なべのふたにプラスチックのとってがあるのは、熱を伝わらないようにするためです。

⑥（　　）　試験管の水をあたためるとき、上の方を熱した方が速く全体があたたまります。

⑦（　　）　試験管の水をあたためるとき、下の方を熱した方が速く全体があたたまります。

1　次の（　　）にあてはまる言葉を □ から選んでかきましょう。

(1)　図1のようにビーカーの底を熱した
とき（①　　　　　　　）水は上へ動
き、温度の低い水は下へ動きます。ま
た、図2のようにストーブで室内をあ
たためたとき、あたためられた空気は
上へ動き、（②　　　　　　　　　）空気は下へ動きます。このこ
とから、水と（③　　　　　　）のあたたまり方は（④　　　　　　）だと
いうことがわかります。

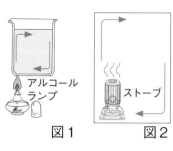
図1　　　図2

> あたためられた　　温度の低い　　同じ　　空気

(2)　実験1は試験管の水の（①　　　　　）近くを熱しています。
このとき、試験管の水の（②　　　　　）の方だけがあたためられ、
（③　　　　）の方の水は（④　　　　　）ままです。

> 上　　下
> 冷たい　　水面

実験1

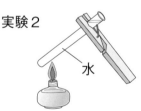
実験2
水

(3)　実験2は試験管の（①　　　　　）の部分を熱しています。この
とき、下の方の（②　　　　　　　　）水は（③　　　）へ動き、
水面近くの（④　　　　　　　）水は（⑤　　　）へ動きます。こ
のようにして、（⑥　　　　　　）があたたまります。

> 上　　下　　底　　温度の低い　　水全体　　あたためられた

2 あとの問いに答えましょう。

(1) 金ぞくをあたためる実験をしました。次の①〜⑥のうち、先にあたたまる方の記号を（　　）にかきましょう。

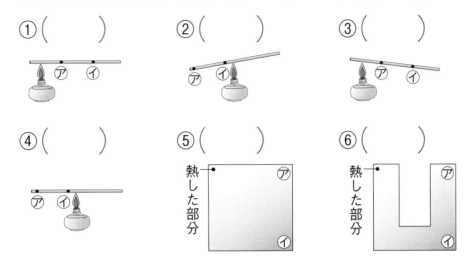

①（　　）　　②（　　）　　③（　　）

④（　　）　　⑤（　　）　　⑥（　　）

(2) 次の（　　）にあてはまる言葉を□から選んでかきましょう。

　金ぞくは、熱した部分から（① 　　　　）順に（② 　　　　）が伝わりあたたまります。

　　それは、金ぞくのぼうの（③ 　　　　）や金ぞくの板の（④ 　　　）には関係ありません。

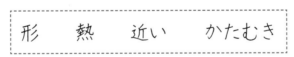

形　　　熱　　　近い　　　かたむき

(3) 図の⑦、⑦、⑦の部分があたたまる順に記号をかきましょう。

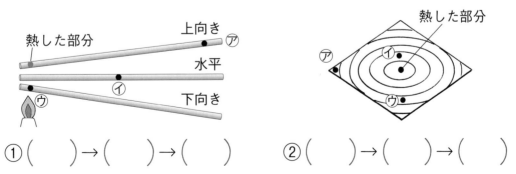

①（　　）→（　　）→（　　）　　②（　　）→（　　）→（　　）

⑨ 水の３つのすがた

◆　なぞったり、色をぬったりしてイメージマップをつくりましょう

水の３つのすがた

水は温度によって３つのすがた（氷、水、水じょう気）に変わる。

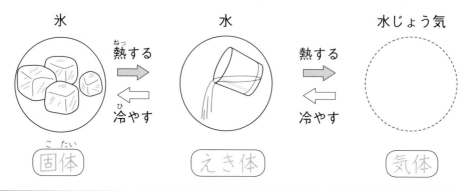

氷　　　　　　　　　　　水　　　　　　　　　　水じょう気

熱する　　　　　　　　熱する

冷やす　　　　　　　　冷やす

固体　　　　　　えき体　　　　　　気体

氷、鉄、石など 形が変わりにくい	水やアルコール、油など 器に入れて、自由に形が変えられる	水じょう気や空気など 目に見えない、形を自由に変えられる

水を熱したときの変化

水じょう気となって空気中に出ていく（じょう発）

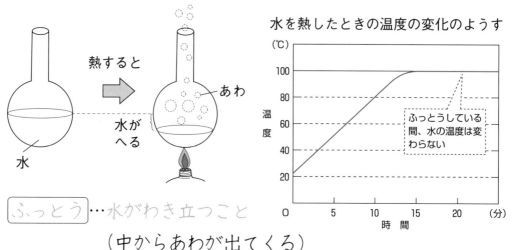

熱すると

あわ

水がへる

水

ふっとう…水がわき立つこと

（中からあわが出てくる）

水を熱したときの温度の変化のようす

（℃）

ふっとうしている間、水の温度は変わらない

温度

時　間　　（分）

水じょう気と湯気

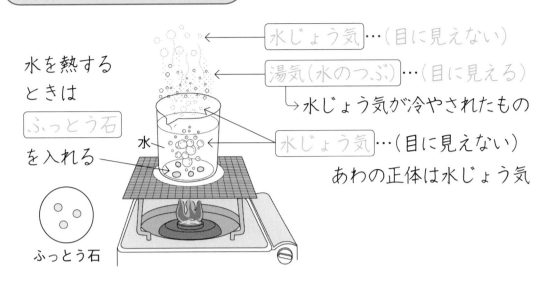

水を熱する
ときは
ふっとう石
を入れる

水じょう気…（目に見えない）

湯気（水のつぶ）…（目に見える）
→水じょう気が冷やされたもの

水じょう気…（目に見えない）

あわの正体は水じょう気

水

ふっとう石

水を冷やしたときの変化

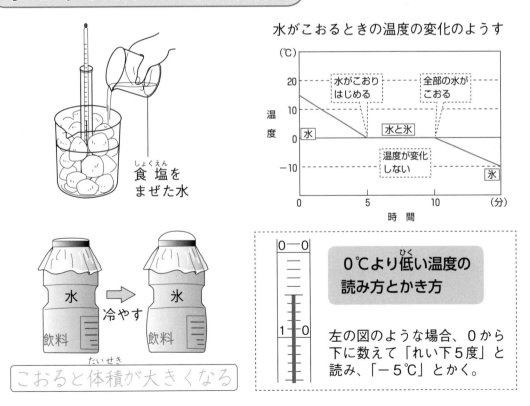

しょくえん
食塩を
まぜた水

水がこおるときの温度の変化のようす

（℃）

温度

水がこおり
はじめる

全部の水が
こおる

水

水と氷

温度が変化
しない

氷

0　　　　5　　　　10　　（分）
時間

水 → 氷
冷やす

飲料　　飲料

たいせき
こおると体積が大きくなる

0―0

1―0

0℃より低い温度の
読み方とかき方

左の図のような場合、0から
下に数えて「れい下5度」と
読み、「－5℃」とかく。

—103—

⑨ 水をあたためる (1)

1 次の（　　）にあてはまる言葉を ☐ から選んでかきましょう。

(1) 水を熱すると、水面から（① 　　　）が出はじめます。やがて、水の中の方から（② 　　　）が出るようになり、しだいに（②）は（③ 　　　）なります。

　　このように、水が熱せられて、（④ 　　　）ことを、（⑤ 　　　）といいます。

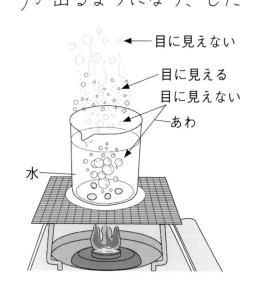

目に見えない
目に見える
目に見えない
あわ
水

```
ふっとう    あわ    湯気
わき立つ    多く
```

(2) 右のグラフから、水を熱したときの温度の変化を表しています。

　　水を熱したとき、水の温度は、（① 　　　）ます。水温がおよそ（② 　　　）℃でふっとうします。ふっとうしている間の温度は（③ 　　　）。

水を熱したときの温度の変化のようす

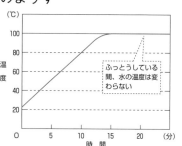

ふっとうしている間、水の温度は変わらない

```
100    上がり    変わりません
```

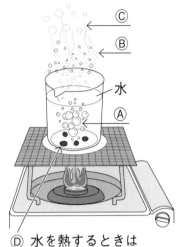

おうちの方へ　水はあたためるとふっとうします。100℃になると液体の水は、気体の水蒸気になります。

2　次の(　　)にあてはまる言葉を ☐ から選んでかきましょう。

(1)　水を熱すると(① 　　　　　)し、水中からさかんにあわが出てきます。この Ⓐ は水が目に見えないすがたに変わったもので(② 　　　　　)といいます。

　　Ⓐ は空気中で(③ 　　　　　)目に見える Ⓑ になります。この Ⓑ を(④ 　　　　　)といいます。

Ⓓ 水を熱するときはふっとう石を入れる

```
湯気　　冷やされて　　水じょう気　　ふっとう
```

(2)　Ⓑ は、空気中で、ふたたび Ⓒ (① 　　　　　)になり、目に(② 　　　　　)なります。どんどん、熱していくと水が(①)になることで、熱する前の水の量より今残っている水の量は(③ 　　　　　)いきます。

```
見えなく　　水じょう気　　へって
```

(3)　水を熱しているとき、とつ然の(① 　　　　　)ふっとうをおさえるために Ⓓ の(② 　　　　　)を入れておきます。

```
ふっとう石　　はげしい
```

⑨ 水をあたためる (2)

1 次の（　　）にあてはまる言葉を □ から選んでかきましょう。

(1) 水を熱すると、わき立ちます。こ
れを（①　　　　）といいます。

水がふっとうするときの温度は、
ほぼ（②　　　　）℃で、ふっとうして
いる間の温度は（③　　　　　）。

水を熱したときの温度の変化
のようす

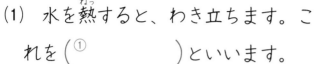

```
100    変わりません    ふっとう
```

(2) ビーカーの中の㋐は、（①　　　）です。
水はふっとうすると、㋑の（②　　　）が
たくさん出ます。㋑は、水がすがたを変
えた（③　　　　）です。

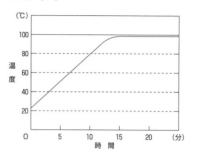

```
あわ    水    水じょう気
```

(3) ㋒は、水じょう気で目に（①　　　　　）。これが空気中
で冷やされて㋓の（②　　　　）になります。㋓は水の
（③　　　　）なので目に見えます。㋓はふたたび目に見えない
㋔のすがたになります。この㋔は（④　　　　　）です。水
がすがたを変えて㋔になることを（⑤　　　　　）といいます。

```
湯気    つぶ    水じょう気    見えません    じょう発
```

おうちの方へ　1Lの水すべてを水蒸気にすると、1700Lの体積に増えます。
高温高圧の水蒸気でタービンを回すのが火力発電です。

2　図のようなそうちを使って、あわの正体を調べました。
（　　）にあてはまる言葉を□から選んでかきましょう。

　水をふっとうさせるときには、前もっ
て水中に⑦の（①　　　　　　）を入れてお
きます。これを入れると（②　　　　　　）
ふっとうをおさえることができます。

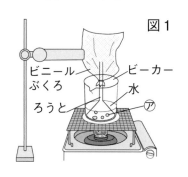

図1

ビニール　　ビーカー
ぶくろ　　　水
ろうと　　　⑦

　図2のように水を熱してできたあわを
集めると、ふくろが（③　　　　　　）ま
す。しかし、熱するのをやめると、ふく
ろは（④　　　　　）、その中に（⑤　　　　）
がたまります。

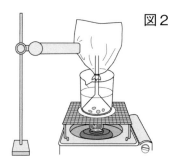

図2

　この実験から、あわの正体は（⑤）
がすがたを変えた（⑥　　　　　　）だと
いうことがわかります。

　この実験をしばらく続けました。する
と、図3の⑦の水の量は、（⑦　　　　　）
ました。熱し続けることによって、水は
（⑥）にすがたを変えたからです。

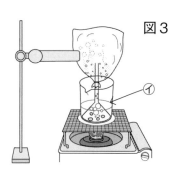

図3

⑦

しぼみ　　ふくらみ　　水　　水じょう気
ふっとう石　　へり　　はげしい

⑨ 水を冷やす (1)

1 次の(　　)にあてはまる言葉を □ から選んでかきましょう。

食塩を
まぜた水

水がこおるときの温度の変化のようす

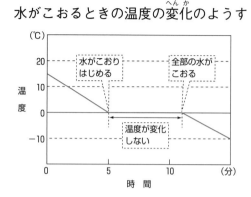

(1) 水を冷やす実験をするときには、氷に(① 　　　　)をか

けます。水を冷やすと温度は(② 　　　　)ます。温度が

(③ 　　　)℃になると、水は(④ 　　　)はじめます。こ

おりはじめてから全部がこおるまで温度は(⑤ 　　　　)、

0℃です。

下がり　　変わらず　　0　　食塩水　　こおり

(2) 氷をあたためていくと温度

は(① 　　　)ます。温度が

(② 　　　)℃になると、氷は

(③ 　　　)はじめます。氷が

とけはじめてから全部がとけ

るまでの温度は(④ 　　　　)。

氷がとけるときの温度の変化のようす

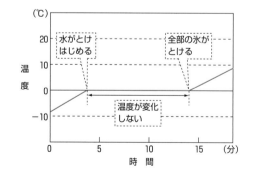

上がり　　変わりません　　とけ　　0

おうちの方へ 水は冷やすと氷になります。0℃になると液体の水は、固体の氷になりはじめます。

2 次の(　　)にあてはまる言葉を ⬚ から選んでかきましょう。

(1) 水が(①　　　　　)はじめてから、全

部が(②　　　　　)になるまでの温度は、

(③　　　)℃です。その間の温度は

(④　　　　　　)。

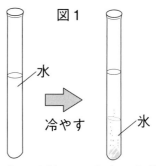

こおらせる前　こおらせた後

```
┌─────────────────────────────┐
│ 氷　　0　　変わりません　　こおり │
└─────────────────────────────┘
```

(2) 図1のように(①　　　)が(②　　　)になると、

体積(たいせき)は(③　　　　)なります。水がすべて氷になっ

たあとは温度が(④　　　　)ます。図2の温度は

(⑤　　　　)3℃と読み、(⑥　　　　　)とかきます。

```
┌──────────────────────────────────────┐
│ 下がり　　大きく　　れい下　　−3℃　　水　　氷 │
└──────────────────────────────────────┘
```

3 氷をよく冷やしておいてから、とけるときの温度の変化をグラフに表しました。次の㋐〜㋓のうち、正しいグラフはどれですか。

(　　　　　)

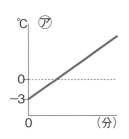 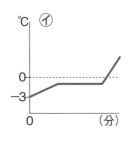 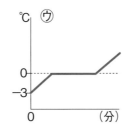 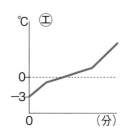

⑨ 水を冷やす (2)

1 図のようにして、水が氷になるときの変化を調べます。
（　　）にあてはまる言葉を ☐ から選んでかきましょう。

(1) 試験管に水を入れ、水面に（① 　　　　）

をつけます。水が入った試験管をビーカ

ーの中に入れ、そのまわりに（② 　　　　）

を入れます。次に温度計を試験管の底に

（③ 　　　　）ように入れます。

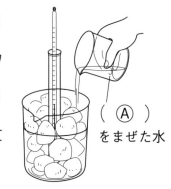

（ Ⓐ 　）
をまぜた水

　　ビーカーの氷にⒶ（④ 　　　　）をまぜた水をかけ、試験管
の水温の変化を観察します。

> ふれない　　氷　　食塩　　印

(2) 水温が下がり（① 　　　　）になると氷ができはじめます。

　　水と氷がまじっている間の温度は、（② 　　　　）で、全部

が（③ 　　　　）になると、温度はまた下がりはじめます。

　　試験管にはじめにつけた水面の印とくらべて、氷の表面

の位置が（④ 　　　　）なります。水は氷になると体積が

（⑤ 　　　　）ことがわかります。

> ふえる　　高く　　氷　　0℃　　0℃

> **おうちの方へ** 1Lの水すべてをこおらせると、氷の体積は約1.1Lに増えます。他の液体は固体になると体積は減ります。

2 グラフを見て、あとの問いに答えましょう。

(1) 水がこおりはじめるのは⑦〜⑦のどの地点ですか。

( )

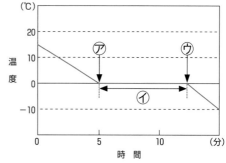

水がこおるときの温度の変化のようす

(2) 全部の水が氷になったのは⑦〜⑦のどの地点ですか。

( )

(3) ⑦のはんいのとき、温度の変化はしますか。それともしませんか。 ( )

3 次の( )にあてはまる言葉を から選んでかきましょう。

(1) 水を入れたよう器を冷やしてこおらせると、よう器は(①) ます。これより水は(②)になると、体積が(③)ます。

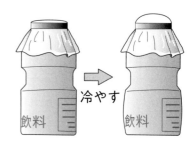

冷やす

飲料 → 飲料

氷　ふえ　もり上がり

(2) 温度計が右のような場合(①)5℃、または (②)5℃と読み、(③)とかきます。

−5℃　氷点下　れい下

⑨ 固体・えき体・気体

1 次の（　　）にあてはまる言葉を□から選んでかきましょう。

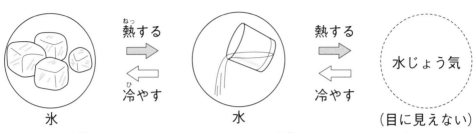

氷　　熱する⇒　⇐冷やす　　水　　熱する⇒　⇐冷やす　　水じょう気（目に見えない）

(1) 水は（①　　　　）によって氷や（②　　　　　　）にすがた
を変えます。水のようなすがたを（③　　　　　）、氷のような
かたまりを（④　　　　）、水じょう気のような目に見えない
すがたを（⑤　　　　）といいます。

> えき体　　気体　　固体　　水じょう気　　温度

(2) 水は熱するとおよそ（①　　　　）℃でふっとうし、
（②　　　　）から（③　　　　）に変わります。また、水を冷や
すと（④　　　）℃でこおりはじめ、（⑤　　　　）から
（⑥　　　　）に変わります。

> 0　　100　　えき体　　えき体　　気体　　固体

(3) 水を冷やすと温度が（①　　　　　）、水が
（②　　　　　）はじめます。このときの温度は
（③　　　）です。つまり、0℃になると水は
（④　　　　）から（⑤　　　　）へ変わります。

> 固体　　えき体　　下がり　　0℃　　こおり

2 あとの問いに答えましょう。

(1) 図の①～④は、水、水じょう気、湯気のどれですか。□にかきましょう。

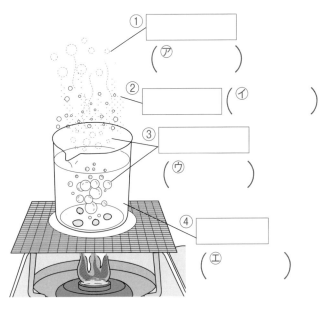

①
（ア　　　　　）

②（イ　　　　　　　）

③
（ウ　　　　　）

④
（エ　　　　　）

(2) 図のア～エはそれぞれ、固体、えき体、気体のどれにあたりますか。（　　）にかきましょう。

(3) 次の（　　）にあてはまる言葉を□から選んでかきましょう。

グラフ１は水を熱したときのものです。あのとき水は（①　　　　　）しています。このとき水は（②　　　　）から（③　　　　）に変わろうとしています。

グラフ２は水を冷やしたときのものです。いは水がこおりはじめ、（④　　　　　）から（⑤　　　　　）に変わろうとしています。

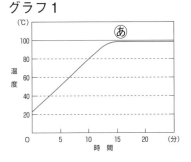

グラフ１

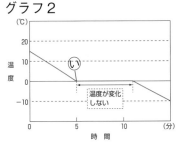

グラフ２

温度が変化しない

えき体　　えき体　　気体　　固体　　ふっとう

⑨ 水の３つのすがた まとめ (1)

ジャンプ

1 次の( )にあてはまる言葉を ▢ から選んでかきましょう。

(1) 水を熱するとやがて水中に(①) が出てきます。このようにあわが出てきてわき立つことを(②)といいます。また、そのときの温度は、ほぼ(③)℃です。

ア

水

ふっとうのときに出てくるあわの正体は(④)で、それは(⑤)です。

> ┄┄┄┄┄┄┄┄┄┄┄┄┄┄┄┄┄
> ふっとう　　水じょう気　　100　　気体　　あわ
> ┄┄┄┄┄┄┄┄┄┄┄┄┄┄┄┄┄

(2) 図の⑦は小さな水のつぶで目に(①)。これを(②)といいます。

水が(③)して(④)に変わり、これが空気中で(⑤)て湯気ができました。湯気は、やがて目に(⑥)すがたに変わります。

> ┄┄┄┄┄┄┄┄┄┄┄┄┄┄┄┄┄
> 見えます　　見えない　　ふっとう　　湯気
> 水じょう気　　冷やされ
> ┄┄┄┄┄┄┄┄┄┄┄┄┄┄┄┄┄

(3) 水を熱するとすがたを変えます。湯気は(①)ですが、水じょう気は(②)と同じ(③)です。

> ┄┄┄┄┄┄┄┄┄┄┄┄┄┄┄┄┄
> 気体　　えき体　　空気
> ┄┄┄┄┄┄┄┄┄┄┄┄┄┄┄┄┄

2 次の( )にあてはまる言葉を から選んでかきましょう。

(1) 水を冷やすと温度が(①)、水が
(②)はじめます。このときの温度は
(③)です。つまり、0℃になると水は
(④)から(⑤)へ変わります。

固体　　えき体　　下がり　　0℃　　こおり

(2) 水は温度によって3つのすがたに変わります。0℃以下
では(①)になり、0℃以上では(②)になります。
そして、100℃になると水は(③)になり空気中
へ出ていきます。だから、水を熱していると(④)して、
量が(⑤)ます。

水　　氷　　水じょう気　　へり　　じょう発

(3) 水がふっとうしているときの温度はほぼ(①)℃で、
ふっとうしている間の温度は(②)。また、水
がこおりはじめてから、全部氷になるまでの温度は
(③)℃で、その間の温度は(④)。

0　　100　　変わりません　　変わりません

1 （　　）にあてはまる言葉を、⑦と⑦は「あたためる」か「冷やす」、④と④は「じょう発する」か「こおる」をかきます。

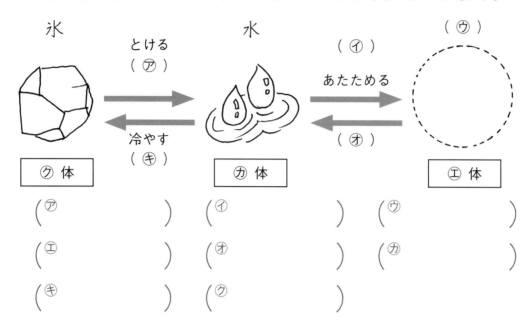

（⑦　　　　　　　）　（④　　　　　　　）　（⑦　　　　　　　）

（⑦　　　　　　　）　（⑦　　　　　　　）　（⑦　　　　　　　）

（④　　　　　　　）　（⑦　　　　　　　）

2 次の（　　）にあてはまる言葉を □ から選んでかきましょう。

　水は温度によって（①　　　　　　）のすがたに変わります。水を冷やすと（②　　　　）になり、水を熱すると（③　　　　　　　）になります。氷のようなかたまりを（④　　　　）、水のようなすがたを（⑤　　　　）、水じょう気のように目に見えないすがたを（⑥　　　）といいます。

　水は0℃になると（⑦　　　　　）から（⑧　　　　　）に変わり、100℃になると（⑨　　　　　）から（⑩　　　　　）に変わります。

> 水じょう気　　氷　　3つ　　えき体
> 気体　　固体　　●何回も使う言葉もあります

3 次の（　　　）にあてはまる言葉を□□から選んでかきましょう。

(1) 水を熱し続けると、やがて（①　　　　）します。このようにわき立つとあわが出てきます。このあわの正体は（②　　　　）で、これは（③　　　　）です。

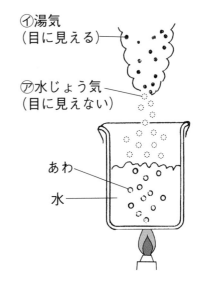

⊘湯気
（目に見える）

㋐水じょう気
（目に見えない）

あわ

水

┌─────────────────────────┐
│ 気体　ふっとう　水じょう気 │
└─────────────────────────┘

(2) 水をふっとうさせると図の㋐のように（①　　　　　）が出てきます。㋐は（②　　　　）で、これが空気中で冷やされると⊘の（③　　　　）に変わります。⊘は（④　　　　）です。

┌───────────────────────────────────┐
│ えき体　　気体　　水じょう気　　湯気 │
└───────────────────────────────────┘

(3) 水を冷やすと水はやがて（①　　　）になります。水のようなすがたを（②　　　　）といい、氷のようなかたまりのすがたを（③　　　　）といいます。
　反対に氷をあたためると氷はとけて（④　　　）になります。つまり、氷はとけて（⑤　　　）から（⑥　　　　）へと変わります。

水

氷

┌───┐
│ えき体　　えき体　　固体　　固体　　氷　　水 │
└───┘

10 自然の中の水 (1)

◆　なぞったり、色をぬったりしてイメージマップをつくりましょう

空気中に出ていく水

じょう発する水

水じょう気

水たまり

地面

水たまりの水がかわく

バケツの水がへる

せんたく物がかわく

日なたの水　よくじょう発する

日かげの水　じょう発する

水のつぶ

ラップ

ラップ

水がへる

水がへる

空気中から出てくる水

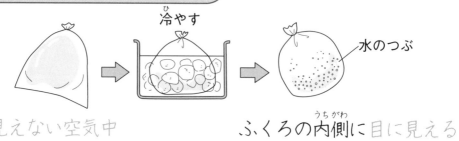

冷やす

水のつぶ

目に見えない空気中の水じょう気

ふくろの内側に目に見える水のつぶが出てくる

氷水

コップの表面につく水のつぶ（結ろ）

結ろする

自然界の水

雪 氷（固体）

雲 水てき（えき体）

雨（えき体）

きり 水てき
（えき体）

ダムの水
（えき体）

地下水

川の水（えき体）

水じょう気
（気体）

じょう発

池の水（えき体）
池の氷（固体）
地面の下の氷 しも柱
←土
←氷の柱

つゆ（えき体）

水じょう気（気体）

じょう発

海の水（えき体）

水はすがたを変えていろいろなところにある

⑩ 自然の中の水 (2)

◆　なぞったり、色をぬったりしてイメージマップをつくりましょう

雨水のゆくえ

高い場所から低い場所へ

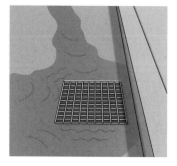

高い土地

低い土地

はい水口→みぞ→川

地面のかたむきを調べる
（ビー玉をころがせる）

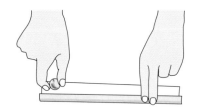

ビー玉

かたむき　大	流れが 速い
かたむき　小	流れが おそい

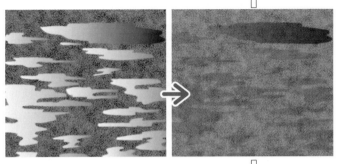

空気中にじょう発する

地下にしみこむ

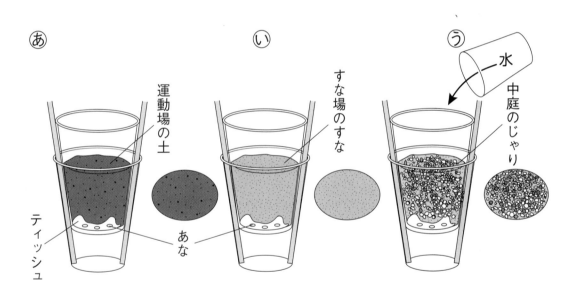

あ 運動場の土 ティッシュ あな

い すな場のすな

う 水 中庭のじゃり

	運動場の土	すな	じゃり
つぶの大きさ	小さい	中くらい	大きい
手ざわり	さらさら	ざらざら	ごつごつ
水のしみこみ	しみこみにくい	しみこみやすい	とてもしみこみやすい

⑩ 水のゆくえ (1)

ステップ

1　図のように土で山をつくって、地面のかたむきと水の流れる速さを調べました。（　　）にあてはまる言葉を □ から選んでかきましょう。

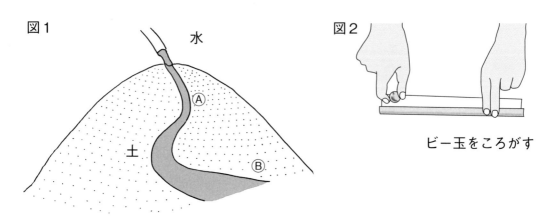

図1

水

Ⓐ

土

Ⓑ

図2

ビー玉をころがす

　　図1のⒶ、Ⓑの水の流れを調べる前に、それぞれの場所の地面の（①　　　　　）を図2のビー玉を使って調べました。

　　すると、Ⓐの方が（②　　　　　　　）は速く、Ⓑの方がゆっくりでした。

　　それぞれのかたむきは、（③　　　）の方が（④　　　）よりも大きいとわかりました。

　　その結果、水の（⑤　　　）は、かたむきが（⑥　　　）ほど速いので、Ⓐの方が速く流れることがわかりました。

ビー玉のころがり　　Ⓐ　　Ⓑ　　かたむき
大きい　　流れ

2　図のような水たまりの水のゆくえを考えました。次の
（　　　）にあてはまる言葉を□から選んでかきましょう。

天気のよい日は、水は（① 　　　　　　　）

となって（② 　　　　　）に出ていきます。

また、水は地面に（③ 　　　　　）ま

す。

空気中にじょう発する

地下にしみこむ

| しみこみ　　　空気中　　　水じょう気 |

3　コップに、あ土、いすな、うじゃりを入れて水を流しまし
た。（　　　）にあてはまる言葉を□から選んでかきましょう。

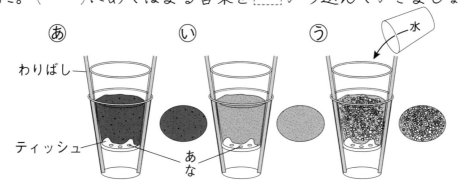

あ　　わりばし　　ティッシュ　　あな　　い　　う　　水

一番はやく水が流れ出たのは（① 　　　）で、次にはやく水が

流れ出たのは（② 　　　）で、一番おそかったのは（③ 　　　）

でした。

このことから水がしみこみやすいのは、つぶが（④ 　　　　　）

方だとわかりました。

| あ　　い　　う　　大きい |

⑩ 水のゆくえ (2)

1 観察カードを見て、あとの問いに答えましょう。

(1) ㋐、㋑に地面が高い、低いをかきましょう。

㋐ (　　　　)　㋑ (　　　　)

(2) ㋒のビー玉を見てわかったことを次の中から選びましょう。

① (　　　) ビー玉は、集まるせいしつがあります。

② (　　　) ビー玉は、地面の低い方へ集まります。

2 次の水たまりの図㋐と、水たまりができていない図㋑について、あとの問いに答えましょう。

(1) すな場のようすはどちらですか。

(　　　　　)

図㋐

図㋑

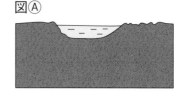

(2) それぞれの土のつぶは、次の㋐、㋑のどちらですか。

① (　　　　)　　　② (　　　　)

3 次の（　　）にあてはまる言葉を □ から選んでかきましょう。

(1) コップに（①　　　）を入れ、2〜3日、（②　　　）に置きました。すると㋐の水がへっています。㋑のラップシートには水の（③　　　）がついて、水が少し（④　　　）います。

日なたに置く

水面の位置に、印をつける。

ラップシート

㋐　㋑　水

日なた（2日後）

水がへる

水のつぶ

| 日なた　　へって　　水　　つぶ |

(2) コップに（①　　　）を入れ、2〜3日、（②　　　）に置きました。すると㋒の水がへっています。㋓のラップシートには水の（③　　　）がついて、水が少し（④　　　）います。

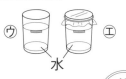

日かげに置く

㋒　㋓　水

日かげ（2日後）

水がへる

水のつぶ

| 日かげ　　へって　　水　　つぶ |

(3) 実験から、水はふっとうしなくても（①　　　）することがわかりました。また、日のあたる（②　　　）の方が（③　　　）より速くじょう発することがわかりました。

| 日なた　　日かげ　　じょう発 |

10 自然の中の水

1 次の（　　）にあてはまる言葉を □ から選んでかきましょう。

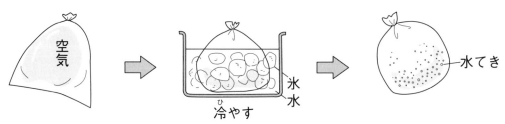

(1) （①　　　　）をビニールぶくろに入れ、十分（②　　　　）ます。すると、ふくろの内側に（③　　　　）がつきます。空気中の（④　　　　）が冷やされて水てきに変わることを（⑤　　　　）といいます。

> 空気　　水てき　　水じょう気　　結ろ　　冷やし

(2) 水は熱しなくても、地面や川、（①　　　　）などからじょう発して（②　　　　）となって空気中へ出ていきます。水じょう気は空の高いところで（③　　　　）、⑦のような（④　　　）になります。水のつぶが地上に落ちてくる④を（⑤　　　）といいます。

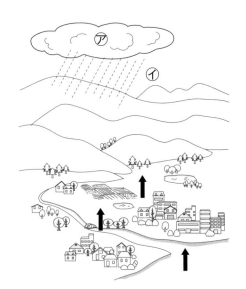

> 雨　　雲　　冷やされて　　水じょう気　　海

おうちの方へ　空気中にある水蒸気が冷やされて、水てきになります。これを結ろといいます。

2 次の(　　)にあてはまる言葉を□から選んでかきましょう。

(1) 冷やしておいた飲み物のびんを冷ぞう庫から出しておくと、びんの外側に水てきがつきました。

　　びんについた水てきは(① 　　　　　　)にあった

(② 　　　　　　)がびんの表面に(③ 　　　　　　)、

(④ 　　　　　　)にすがたを変えたものです。

> 冷やされて　　空気中　　水てき　　水じょう気

(2) 夏の暑い日、冷ぼうのきいた部屋から屋外に出たとき、メガネのレンズがくもることがあります。これは、部屋の中で冷やされた(① 　　　　　　)に、屋外の空気中にある

(② 　　　　　　)が冷やされて、(③ 　　　　　　)にすがたを変えたのです。

> 水じょう気　　レンズ　　水てき

(3) せんたく物がかわくのは、服などにふくまれた水が(① 　　　　　　)して、空気中に水じょう気となって出ていくからです。じょう発は(② 　　　　　　)でも起きますが、日かげよりも(③ 　　　　　　)の方が多く起きます。

> 日なた　　日かげ　　じょう発

10 自然の中の水 まとめ (1)

1 図のⒶ、Ⓑは雨がふったあとの運動場とすな場を表しています。

(1) Ⓐ、Ⓑはどちらを表しているか、かきましょう。

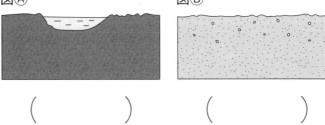

図Ⓐ　　　　　　図Ⓑ

（　　　　）　　（　　　　）

(2) 雨のあとの水のゆくえについて、図Ⓐ、図Ⓑはどうなりますか。次の中から選びましょう。

図Ⓐ（　　　　）　　図Ⓑ（　　　　）

① 空気中にじょう発していきます。

② 地中にしみこんでいきます。

2 右の図のように、冬の寒い日、まどガラスに（①　　　　　　）がついていることがあります。これは、部屋の空気中の（②　　　　　　）が、外の冷たい空気で（③　　　　　　）まどガラスにふれて、水てきになって出てきたからです。このことを（④　　　）といいます。

┌─────────────────────────┐
水じょう気　　水てき　　結ろ　　冷やされた
└─────────────────────────┘

3 次の（　　　）にあてはまる言葉を ⬚ から選んでかきましょう。

(1)　空気中の（①　　　　　）
が水てきになってできたのが
㋐の（②　　　　　）です。㋐から
ふった（③　　　　　）が地中にし
みこみ、川を通り（④　　　　　）
へ流れこみます。空気中の
（①）が地面近くで冷やされ
て、水の小さなつぶになった
のが㋑の（⑤　　　　　）です。

　　また、海や（⑥　　　　　）の水は、（⑦　　　　　）して水
じょう気として空気中に出ていきます。

雨　　雲　　きり　　水じょう気　　じょう発　　海　　川

(2)　土の中の水が、冷やされて固体の（①　　　　　）になり、土
をおし上げるのがしも柱です。空気中の（②　　　　　）
が植物などにふれて冷やされ、えき体の水のつぶになった
ものがつゆで、固体の（③　　　　　）のつぶになったのがしも
です。自然の中では水は、氷や雪などの（④　　　　　）、水の
（⑤　　　　　）、水じょう気の（⑥　　　　　）のすがたをしてい
ます。

氷　　氷　　水じょう気　　えき体　　気体　　固体

⑩ 自然の中の水 まとめ (2)

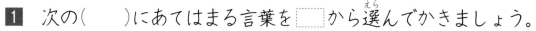

1 次の（　　　）にあてはまる言葉を □ から選んでかきましょう。

(1) 右の図のようにして、３日間コップを置いておくと⑦のラップシートには（①　　　　　）がついて、水の量が（②　　　　　）いました。

また、⑦の水の量も（③　　　　　）いました。

ラップシートでふたをする

⑦　　　　　⑦

日なたに置く

水は（④　　　　　）しなくても（⑤　　　　　）して、空気中へ（⑥　　　　　）となって出ていきます。

また、（⑦　　　　　）より（⑧　　　　　）の方が速くじょう発します。

```
へって    へって    水てき    日なた    日かげ
水じょう気    じょう発    ふっとう
```

(2) 冷ぞう庫から冷えたペットボトルを取り出し、置いておくと、外側に（①　　　　　）がついていることがあります。

これは、（②　　　　　）にふくまれていた（③　　　　　）がペットボトルによって（④　　　　　）からです。

冷ぼうのきいた部屋から屋外に出たとき、メガネのレンズがくもるのも同じ理由によります。

```
空気中    水てき    水じょう気    冷やされた
```

2 あとの問いに答えましょう。

(1) 図の㋐～㋔の( )にあてはまる言葉を □ から選んでかきましょう。

㋓ 雪( )　　　㋐ 雲( )

㋑( )えき体

㋔ 川の水( )

㋒( )

㋕( )の水…えき体

㋖ 水じょう気( )

> えき体　えき体　固体（こたい）　気体　じょう発　雨　海

(2) 水は、川や海、そして(①)から(②)し、(③)となって空気中に出ていきます。水じょう気は、ふたたび(④)や(⑤)となって、地上にふってきます。このように水はすがたを(⑥)いろいろなところにあります。

> 変えて　水じょう気　じょう発　地面　雨　雪

4年　答え

1．季節と生き物のようす

[P．6〜7]

1 (1) ① 花　　② 葉　③ 芽
　　　④ 子葉　⑤ 本葉
　　(2) ① よう虫　② たまご
　　　③ おたまじゃくし
　　　④ 南　　　⑤ 巣

2 (1) ① 葉　　② 実　③ 花
　　　④ くき　⑤ 花
　　(2) ① よう虫　② 成虫
　　　③ おたまじゃくし
　　　④ 足　　　⑤ さなぎ
　　　⑥ たまご

[P．8〜9]

1 (1) ① 気温　　② 芽　③ 花
　　　④ 動物　　⑤ 葉
　　　⑥ 上がる　⑦ 活発
　　(2) ① 花　② 葉　③ 実
　　　④ あたたかく

2 (1) ① 芽　② 子葉　③ くき
　　　④ 花
　　(2) ① よう虫　　② 成虫
　　　③ おたまじゃくし　④ 足
　　(3) ① 南　　② 巣
　　　③ ひな　④ えさ

[P．10〜11]

1 (1) ① 下がり　② 赤色
　　　③ 花　　　④ 実
　　(2) ① たまご　② にぶく
　　　③ 飛べる　④ よう虫

⑤ さなぎ

2 (1) ① 下がり　② 芽
　　　③ かれて　④ 種
　　(2) ① たまご　② 土
　　　③ 葉　　　④ 南

[P．12〜13]

1 (1) ① 下がり　② 変わり
　　　③ かれて　④ にぶく
　　　⑤ 土　　　⑥ 葉
　　(2) ① 色　② かれて
　　　③ 芽
　　(3) ① 実　② かれて
　　　③ 種

2 (1) ① たまご　② 寒さ
　　　③ さなぎ
　　(2) ① 飛ぶ　② 寒く
　　　③ 南
　　(3) ① 秋　② にぶく
　　　③ 土　④ 葉

[P．14〜15]

1 ① 題　　② 場所　③ 天気
　　④ 気温　⑤ 絵
　　⑥ 気づいたこと

（③④は順番自由）

2 ① 動物　② 活発　③ かれて
　　④ じゅんび　⑤ 気温

3 (1)

春	夏	秋	冬
⑰	⑨	⑦	⑦

(2)

春	夏	秋	冬
⑰	⑦	⑦	⑨

(3)

春	夏	秋	冬
⑰	⑨	⑦	⑦

[P．16〜17]

1 ① 題　② 場所　③ 天気
　　④ 絵

2 ① ○　② ○　③ ×
　　④ ×　⑤ ×

3 (1) ① ツバメ　② あたたかい
　　　③ カモ　④ 寒い
　　(2) ① カマキリ　② さなぎ
　　　③ テントウムシ　④ よう虫

4 ① 気温　② たまご
　　③ 成虫　④ 落ち葉

[P．18〜19]

1 (1) サクラ　夏 ⑦　冬 ⑤
　　　カマキリ　夏 ⑦　冬 ⑦
　　(2) ① あたたかく　② 活動
　　　③ かれて　④ にぶく
　　　⑤ 気温

2 (1) ① 種　② 本葉
　　　③ 夏　④ 実
　　　⑤ 種　⑥ かれて
　　(2) ① おたまじゃくし　② 足
　　　③ 土の中　④ 冬みん
　　　　　　　　（③④は順番自由）

2．電気のはたらき

[P．22〜23]

1 ① ＋　② －
　　③ 1つの輪　④ 流れて
　　⑤ 回路　⑥ 電流

2 ① つきます　② フィラメント
　　③ どう線　④ －

3 ⑩ ×　⑪ ×　⑫ ×

4 ① ＋　② ソケット　③ －

　　④ どう線　⑤ はなれて
　　⑥ 通り道　⑦ ビニール

[P．24〜25]

1 (1) ① ＋　② －　③ 反対
　　　④ 電流　⑤ 強さ
　　(2) ① 水平なところ　② 向き
　　　③ ふれはば　④ 左
　　　⑤ 右　⑥ 3
　　　　　　　（②③は順番自由）

2 (1) ⑩
　　(2) ⑪、2
　　(3) ⑫、左回り

3

豆電球
①⊗
③(＼)
スイッチ
②
かん電池

[P．26〜27]

1 (1) ① 直列　② 速く
　　　③ 明るく
　　(2) ① へい列　② 同じくらい
　　　③ 2倍くらい

2 ① ◎　② ×　③ ○
　　④ ○　⑤ ○　⑥ ×

3 ① 直列　② へい列
　　③ 直列　④ へい列

[P．28〜29]

1 (1) ① 直列　② 2倍
　　　③ けん流計　④ 速く
　　(2) ① へい列　② 同じくらい
　　　③ 長時間

2 (1) ⑦

(2) 直列つなぎ

(3) ㋐

(4) ㋒

3 ① 速く　　② 明るく

　③ 大きく

[P. 30〜31]

1 (1) けん流計

(2) 電流の向き、電流の強さ

(3) へい列つなぎ

(4) 回ります

(5) 直列つなぎ

2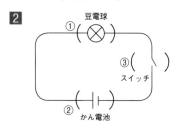

3 (1) Ⓑ

(2) Ⓒ

(3) 強くなる（2倍くらい）

(4) 同じくらい

(5) 直列つなぎ

(6) へい列つなぎ

4 ① ○　　② ×

　③ ○　　④ ×

[P. 32〜33]

1 ㋐ ×　　㋑ ×　　㋒ ×

2 ① ＋　　② ソケット　　③ －

　④ どう線　　⑤ はなれて

　⑥ 通り道　　⑦ ビニール

3 ① ＋　　② －

　③ 回路　　④ 反対

　⑤ 電流　　⑥ 強さ

4 ① 速く　　② 明るく

③ 大きく

3. 天気のようすと気温

[P. 36〜37]

1 (1) ① 1.2〜1.5　　② 気温

　③ 風通し　　④ あたらない

(2) ① 直角　　② 日かげ

2 ① 雲　　② 青空　　③ 雲

3 ① ○　　② ×　　③ ×

　④ ○　　⑤ ○

4 ① 百葉箱　　② 白い

　③ 記録温度計　　④ 最低

　⑤ 気温　　⑥ 天気

[P. 38〜39]

1 (1) ① 晴れ　　② 雨

　③ 大きい　　④ 小さい

(2) ① 午後2時　　② 日の出前

　③ くもり　　④ 小さく

2 (1) ① 正午　　② 午後2時

　③ ずれて

(2) ① 空気　　② 地面

　③ 時間

(3) ① 小さく　　② 雲

　③ 気温

[P. 40〜41]

1 (1) ① 晴れ　　② 大きい

　③ 低く　　④ 高く

(2) ① くもり　　② 雨

　③ 小さい　　④ 日光

　⑤ 気温　　⑥ ちがう

2 (1) ① 正午　　② 気温

　③ 午後2時

(2) ① 関係　　② 空気
　　③ 気温　　④ 高く
(3) ① 地面　　② 空気
　　③ 下がり　　④ 日の出前
　　　　　　　　（①②は順番自由）

[P．42〜43]

1 (1) ① 気温　　　② 風通し
　　③ あたらない　④ 1.2〜1.5
　　⑤ 直角
(2) ① 百葉箱　　② 気温
(3) ① 雲　　　　② 晴れ

2 (1) ① 晴れ　　② 雨
　　③ 大きく　④ 小さい
(2) ① 午後2時　② 日の出前
　　③ 正午　　　④ ずれて
　　⑤ 地面

[P．44〜45]

1 (1) 気温
(2) あたらない
(3) 日かげ
(4) よい
(5) 直角
(6) 1.2〜1.5

2 ① 雲の量　② 雲
　③ くもり　④ 晴れ

3 (1) 天気と気温の関係
(2) ㋐ 最高午後2時　最低午前9時
　　㋑ 最高午後3時　最低午前9時
(3) ㋐
(4) ① 地面　　② 空気
　　③ 正午　　④ 2時間

4．月や星の動き
[P．48〜49]

1 (1) ① 新月　　② 三日月
　　③ 半月　　④ 満月
(2) ① 変わります　② 三日月
　　③ 半月　　　　④ 満月
　　⑤ 新月　　　　⑥ 1か月

2 (1) ① 満月　　② 夕方
　　③ 真夜中　④ 夜明け
(2) ① 半月　　② 昼
　　③ 夕方　　④ 真夜中
(3) ① 東　② 南
　　③ 西　④ 太陽

[P．50〜51]

1 ① 色　　　　② 明るさ
　③ 1等星　　④ 星ざ
　⑤ サソリざ　⑥ 赤い

2 (1) ㋐ オリオンざ
　　　㋑ カシオペアざ
　　　㋒ 北と七星
(2) ㋐ 南　㋑ 北
(3) 北極星

3 (1) ① ベガ　　② アルタイル
　　③ デネブ　④ 夏の大三角
　　⑤ 1等星
(2) ① ベテルギウス
　　② プロキオン　③ シリウス
　　④ 冬の大三角　⑤ 1等星

[P．52〜53]

1 (1) ① 変わり　② 1か月
　　③ 三日月　④ 15日
(2) ① 東　② 真夜中　③ 西
　　④ 昼　⑤ 夕方　⑥ 西

(3) ① 太陽 ② 東
③ 南 ④ 西

2 (1) ① 明るさ ② 1等星
③ 色 ④ 赤
(2) ① 星ざ ② 位置
③ ならび方

3 ① ベテルギウス ② シリウス
③ プロキオン ④ 冬の大三角
⑤ 1等星

[P. 54〜55]

1 ① 動物 ② 星ざ
③ 明るさ ④ 色
⑤ サソリざ ⑥ 赤い

2 ① デネブ ② ベガ
③ アルタイル ④ はくちょうざ

3 ① ベテルギウス ② プロキオン
③ シリウス ④ オリオンざ

4 (1) ① カシオペアざ ② 位置
③ ならび方
(2) ① オリオンざ ② 時こく
③ 位置 ④ ならび方
⑤ ㋐

5. 空気と水
[P. 58〜59]

1 (1) ① 空気 ② あわ
③ 小さく ④ 空気
⑤ 体積
(2) ① あわ ② 小さく
③ 元にもどろう ④ 大きく
⑤ 体積 ⑥ 大きく

2 (1) ① 空気 ② 体積
③ 小さく

(2) ① おしちぢめられた
② 元にもどろう
(3) ① 飛び出ます ② あわ
③ とじこめられた
④ 見える

[P. 60〜61]

1 (1) ① 水 ② 下がり
③ 変化 ④ 体積
⑤ おしちぢめ
⑥ 元にもどろう
(2) ① 空気 ② 水
③ ㋐ ④ ㋑

2 (1) ① 水 ② 空気
③ ㋑ ④ ㋐
⑤ 小さく ⑥ 変わりません
(2) ① 水 ② 空気
③ 元にもどろう
④ 変わらない

[P. 62〜63]

1 (1) ① とじこめられた
② 体積 ③ 小さく
④ 空気でっぽう
(2) ① 強い ② 体積
③ 元にもどろう ④ 大きく
⑤ 大きく
(3) ① 水 ② 変わりません
③ おしちぢめ
④ ありません

2 (1) 空気がちぢめられ、元にもどろう
とする力
(2) ②

3 ① × ② × ③ ○
④ × ⑤ ○ ⑥ ○

[P. 64〜65]

1 ㋐ おしぼう　　㋑ 空気

　　㋒ 前玉　　　　㋓ つつ

2 (1) ① 空気　　② 後玉

　　　 ③ おしちぢめられます

　　(2) ① おしちぢめ　② 小さく

　　　 ③ 元にもどろう

　　(3) ① 元にもどろう　② 前玉

　　　 ③ 飛びます

3 (1) ① 水　　② いきおいよく

　　　 ③ おしちぢめ

　　　 ④ 元にもどろう

　　(2) ① 空気　　② ふくれ

　　　 ③ 水　　④ 元にもどろう

6. 動物の体のつくりと運動

[P. 68〜69]

1 (1) ① 関節　　　② きん肉

　　　 ③ 関節　　　④ ほね

　　　 ⑤ きん肉　　⑥ 関節

　　　 ⑦ ほね

　　(2) ① ほね　　　　② きん肉

　　　 ③ つなぎ目　　④ 関節

　　(3) ① 関節　　② 曲げる

　　　 ③ つかむ

2 (1) ① 頭のほね

　　　 ② むねのほね

　　　 ③ うでのほね

　　　 ④ せなかのほね

　　　 ⑤ こしのほね

　　　 ⑥ 足のほね

　　(2) ① つなぎ目　　② 曲げられる

　　　 ③ 関節

　　(3) ① むねのきん肉

　　　 ② うでのきん肉

　　　 ③ 足のきん肉

[P. 70〜71]

1 (1) ① ほね　　② きん肉

　　　 ③ 全身

　　(2) ① 関節　　② せなか

　　　 ③ 関節　　④ 曲げる

　　(3) ① 足　　② 関節

　　　 ③ つなぎ目

2 ① 手　　　② 関節

　　 ③ 多く　　④ つかんだり

3 ① ×　　② ×

　　 ③ ○　　④ ○

4

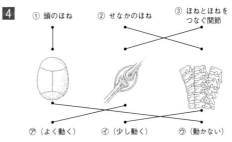

[P. 72〜73]

1 (1) ① ちぢみ　　② きん肉

　　　 ③ ゆるみ　　④ ゆるみ

　　　 ⑤ きん肉　　⑥ ちぢみ

　　(2) ① ちぢめたり

　　　 ② ゆるめたり

　　　　　　　　　（①②は順番自由）

2 ① ヒト　　② ほね　　③ きん肉

　　④ 関節

　　　　　　　　　（②③④は順番自由）

3 ① ほね　　　② きん肉

　　 ③ つなぎ目　④ 関節

4 (1) ① せなか　　② こし

　　　 ③ たもつ　　④ ささえる

（①②は順番自由）

(2) ① のう　　② むね

　　③ 守る

[P．74〜75]

1 (1) ① むねのきん肉

　　② うでのきん肉

　　③ 足のきん肉

　　④ 頭のほね

　　⑤ むねのほね

　　⑥ せなかのほね

　　⑦ こしのほね

(2) ① こし　　　　② ささえる

　　③ むね　　　　④ 心ぞう

　　⑤ やわらかい　⑥ 守る

(3) ① ほね　　② きん肉

　　③ 関節　　④ ささえ

　　⑤ 動かし

（④⑤は順番自由）

2 (1) ㋐、㋒

(2) ㋑、㋕

(3) ㋔

3 (1) ① きん肉　　② ちぢんで

　　③ ゆるみます　④ ゆるみ

　　⑤ きん肉　　⑥ ちぢみます

(2) ① きん肉　　② ゆるめたり

　　③ ちぢめたり

（②③は順番自由）

[P．76〜77]

1

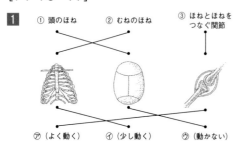

① 頭のほね　　② むねのほね　　③ ほねとほねをつなぐ関節

㋐（よく動く）　　㋑（少し動く）　　㋒（動かない）

2 (1) ① ちぢんで　　② 外側

　　③ ゆるみ　　　④ 内側

　　⑤ ゆるみ　　　⑥ ちぢみ

(2) ① かたく　　② やわらかく

3 ① ほね　　② きん肉

　③ 関節　　④ 同じように

　⑤ あります

4 ① ○　　② ○　　③ ○

　④ ×　　⑤ ○　　⑥ ×

　⑦ ○　　⑧ ○　　⑨ ○

7. 温度とものの体積

[P．80〜81]

1 (1) ① あたため　　② ふくらみ

　　③ 冷やし　　　④ へこみ

(2) ① あたため　　② 飛びます

(3) ① あたため　　② 大きく

　　③ 冷やす　　　④ 小さく

2 (1) ① あたため　　② 上がり

　　③ 冷やす　　　④ 下がり

(2) ① あたため　　② 上がり

　　③ 上がり　　　④ 空気

　　⑤ 水

(3) ① あたため　　② 大きく

　　③ 冷やす　　　④ 小さく

　　⑤ 空気　　　　⑥ 大きい

[P．82〜83]

1 (1) ① 飛びました　② 空気

　　③ 大きくなる

(2) ① ふくらむ　　② 空気

　　③ あたため　　④ 大きく

(3) ① しぼみ　　　② 空気

　　③ 冷やされ　　④ 体積

2 (1) ① 水　　　② 冷やし
　　③ 下がり　④ 冷やす
　　⑤ 体積
(2) ① あたため　② 上がり
　　③ あたため　④ 体積
3 ① ○　　② ×　　③ ○

[P. 84〜85]
1 (1) ① 通ります　② 通りません
　　③ 冷やす　　④ 通ります
(2) ① 金ぞく　② 同じ
　　③ 大きく　④ 小さく
　　⑤ わかりません
(3) ① あたためる　② 冷やす
　　③ 金ぞく
2 (1) ① あたためる　② 大きく
　　③ 冷やす　　　④ 小さく
(2) ① 金ぞく　② あたため
　　③ 体積　　④ あります
　　⑤ 冷やされ
(3) ① 水　　② 空気
　　③ 金ぞく

[P. 86〜87]
1 (1) ① 空気　　② ふくらみ
　　③ へこみ　④ 大きく
　　⑤ 小さく
(2) ① 水　　　② 上がり
　　③ 下がり　④ 大きく
　　⑤ 小さく
2 (1) ① 空気　　② 水
　　③ 上がり　④ 水面
　　⑤ 高く　　⑥ 水
　　⑦ 空気
（①②は順番自由）

(2) ① 通らなく　② 通ります
　　③ あたためる　④ 冷やす
(3) ① 水　② 空気
　　③ 金ぞく

[P. 88〜89]
1 (1) ① ふくらむ　② 空気
　　③ あたため　④ 体積
(2) ① しぼみ　② 空気
　　③ 冷やされ　④ 体積
(3) ① 湯　　② あたため
　　③ ふえ　④ 大きく
2 ① 高く　　② 低く
　　③ 大きく　④ 小さく
　　⑤ 小さく　⑥ 大きい
　　⑦ 小さい　⑧ わからない
3 ① ×　　② ○
　　③ ×　　④ ○

8. もののあたたまり方
[P. 92〜93]
1 (1) （図1）　あ→い→う
　　（図2）　あ→い→う
(2) ① かたむき　② 熱した
　　③ 近い順
(3) ① ×　② ×　③ ○
2 (1) ① ×　② ○　③ ×
　　④ ○
(2) ① い　② う　③ い

[P. 94〜95]
1 (1) ① あたためられた
　　② 温度の低い　③ 全体
　　④ 上　　　　　⑤ 下

(2) ① 底　② あたためられた
　　③ 上　④ 温度の低い
　　⑤ 下　⑥ 全体
2 ① 空気　② あたためられた
　　③ 温度の低い　④ 全体
　　⑤ 水
3 ① ○　② ×　③ ×
　　④ ○　⑤ ○　⑥ ○
　　⑦ ○　⑧ ×

[P. 96～97]
1 (1) サーモテープ
　　(2) ① ⑦　② ⑦　③ ⑦
　　　　④ ⑦　⑤ ⑦
　　(3) ① 下　② 上
　　　　③ あたためられた
　　　　④ 温度の低い　⑤ 水全体
　　　　⑥ 上　⑦ 下
2 (1) ⑦ 40℃　⑦ 5℃
　　(2)

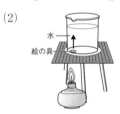

　　(3) ① あたためられた
　　　　② 温度の低い
3 ① 上　② あたためられた
　　③ 水　④ 同じ

[P. 98～99]
1 (1) ① だんぼう　② 高く
　　　　③ 低く　④ 軽く
　　　　⑤ 重い
　　(2) ① あたため　② 軽く
　　　　③ 重い　④ 上

2 ① 中心　② 円　③ とけます
　　④ 近い　⑤ 熱　⑥ とけます
3 ① ×　② ○　③ ×
　　④ ×　⑤ ○　⑥ ×
　　⑦ ○

[P. 100～101]
1 (1) ① あたためられた
　　　　② 温度の低い　③ 空気
　　　　④ 同じ
　　(2) ① 水面　② 上　③ 下
　　　　④ 冷たい
　　(3) ① 底　② あたためられた
　　　　③ 上　④ 温度の低い
　　　　⑤ 下　⑥ 水全体
2 (1) ① ⑦　② ⑦　③ ⑦
　　　　④ ⑦　⑤ ⑦　⑥ ⑦
　　(2) ① 近い　② 熱
　　　　③ かたむき　④ 形
　　(3) ① ⑦→⑦→⑦
　　　　② ⑦→⑦→⑦

9. 水の3つのすがた
[P. 104～105]
1 (1) ① 湯気　② あわ
　　　　③ 多く　④ わき立つ
　　　　⑤ ふっとう
　　(2) ① 上がり　② 100
　　　　③ 変わりません
2 (1) ① ふっとう
　　　　② 水じょう気
　　　　③ 冷やされて　④ 湯気
　　(2) ① 水じょう気　② 見えなく
　　　　③ へって

(3) ① はげしい　　② ふっとう石

[P．106〜107]

1 (1) ① ふっとう　　② 100
　　　　③ 変わりません
　　(2) ① 水　　② あわ
　　　　③ 水じょう気
　　(3) ① 見えません
　　　　② 湯気　　③ つぶ
　　　　④ 水じょう気
　　　　⑤ じょう発

2 ① ふっとう石　　② はげしい
　　③ ふくらみ　　④ しぼみ
　　⑤ 水　　　　　⑥ 水じょう気
　　⑦ へり

[P．108〜109]

1 (1) ① 食塩水　　② 下がり
　　　　③ 0　　④ こおり
　　　　⑤ 変わらず
　　(2) ① 上がり　　② 0
　　　　③ とけ　　④ 変わりません

2 (1) ① こおり　　② 氷
　　　　③ 0　　④ 変わりません
　　(2) ① 水　　② 氷
　　　　③ 大きく　　④ 下がり
　　　　⑤ れい下　　⑥ −3℃

3 ⑦

[P．110〜111]

1 (1) ① 印　　② 氷
　　　　③ ふれない　　④ 食塩
　　(2) ① 0℃　　② 0℃
　　　　③ 氷　　④ 高く
　　　　⑤ ふえる

2 (1) ⑦
　　(2) ⑦
　　(3) 温度の変化はありません

3 (1) ① もり上がり　　② 氷
　　　　③ ふえ
　　(2) ① れい下　　② 氷点下
　　　　③ −5℃

　　　　　　　　（①②は順番自由）

[P．112〜113]

1 (1) ① 温度　　② 水じょう気
　　　　③ えき体　　④ 固体
　　　　⑤ 気体
　　(2) ① 100　　② えき体
　　　　③ 気体　　④ 0
　　　　⑤ えき体　　⑥ 固体
　　(3) ① 下がり　　② こおり
　　　　③ 0℃　　④ えき体
　　　　⑤ 固体

2 (1) ① 水じょう気　　② 湯気
　　　　③ 水じょう気　　④ 水
　　(2) ⑦ 気体　　④ えき体
　　　　⑦ 気体　　⑤ えき体
　　(3) ① ふっとう　　② えき体
　　　　③ 気体　　④ えき体
　　　　⑤ 固体

[P．114〜115]

1 (1) ① あわ　　② ふっとう
　　　　③ 100　　④ 水じょう気
　　　　⑤ 気体
　　(2) ① 見えます　　② 湯気
　　　　③ ふっとう　　④ 水じょう気
　　　　⑤ 冷やされ　　⑥ 見えない
　　(3) ① えき体　　② 空気

③　気体

② (1) ①　下がり　　②　こおり
　　　③　0℃　　　④　えき体
　　　⑤　固体
　(2) ①　氷　　　　　②　水
　　　③　水じょう気　④　じょう発
　　　⑤　へり
　(3) ①　100　　②　変わりません
　　　③　0　　　④　変わりません

[P. 116〜117]

① ㋐　あたためる　㋑　じょう発する
　㋒　水じょう気　㋓　気体
　㋔　冷やす　　　㋕　えき体
　㋖　こおる　　　㋗　固体

② ①　3つ　　　　②　氷
　③　水じょう気　④　固体
　⑤　えき体　　　⑥　気体
　⑦　えき体　　　⑧　固体
　⑨　えき体　　　⑩　気体

③ (1) ①　ふっとう　②　水じょう気
　　　③　気体
　(2) ①　水じょう気　②　気体
　　　③　湯気　　　　④　えき体
　(3) ①　氷　　　②　えき体
　　　③　固体　④　水
　　　⑤　固体　⑥　えき体

10. 自然の中の水
[P. 122〜123]

① ①　かたむき
　②　ビー玉のころがり
　③　Ⓐ　　　④　Ⓑ
　⑤　流れ　　⑥　大きい

② ①　水じょう気　②　空気中
　③　しみこみ

③ ①　㋒　②　㋑　③　㋐
　④　大きい

[P. 124〜125]

① (1) ㋐　高い　㋑　低い
　(2) ②

② (1) Ⓑ
　(2) ①　Ⓐ　②　Ⓑ

③ (1) ①　水　　②　日なた
　　　③　つぶ　④　へって
　(2) ①　水　　②　日かげ
　　　③　つぶ　④　へって
　(3) ①　じょう発　②　日なた
　　　③　日かげ

[P. 126〜127]

① (1) ①　空気　　②　冷やし
　　　③　水てき　④　水じょう気
　　　⑤　結ろ
　(2) ①　海　②　水じょう気
　　　③　冷やされて
　　　④　雲　⑤　雨

② (1) ①　空気中　②　水じょう気
　　　③　冷やされて
　　　④　水てき
　(2) ①　レンズ　②　水じょう気
　　　③　水てき
　(3) ①　じょう発　②　日かげ
　　　③　日なた

[P. 128〜129]

① (1) Ⓐ　運動場　Ⓑ　すな場

(2)　Ⓐ　①　　　Ⓑ　②

2　①　水てき　　　　②　水じょう気

　　③　冷やされた　　④　結ろ

3　(1)　①　水じょう気　　②　雲

　　　　③　雨　　　　　　④　海

　　　　⑤　きり　　　　　⑥　川

　　　　⑦　じょう発

　　(2)　①　氷　　　　　　②　水じょう気

　　　　③　氷　　　　　　④　固体

　　　　⑤　えき体　　　　⑥　気体

[Ｐ．130～131]

1　(1)　①　水てき　　　②　へって

　　　　③　へって　　　　④　ふっとう

　　　　⑤　じょう発　　　⑥　水じょう気

　　　　⑦　日かげ　　　　⑧　日なた

　　(2)　①　水てき　　　　②　空気中

　　　　③　水じょう気

　　　　④　冷やされた

2　(1)　㋐　えき体　　　㋑　雨

　　　　㋒　じょう発　　　㋓　固体

　　　　㋔　えき体　　　　㋕　海

　　　　㋖　気体

　　(2)　①　地面　　　　　②　じょう発

　　　　③　水じょう気　　④　雨

　　　　⑤　雪　　　　　　⑥　変えて

　　　　　　　　（④⑤は順番自由）

キソとキホン
「わかる!」がたのしい理科　小学4年生

2020年8月10日　発行

....

著　者　宮崎　彰嗣

発行者　面屋　尚志

企　画　清風堂書店

発行所　フォーラム・A

　　　　〒530-0056　大阪市北区兎我野町15-13

　　　　TEL 06-6365-5606／FAX 06-6365-5607

振　替　00970-3-127184

....

制作編集担当　蒔田司郎
表紙デザイン　畑佐実